***Home** is where the heart is.*

生活·讀書·新知 三联书店

快煮慢食

十八分钟味觉小宇宙

修订版

18 Minutes Plus

欧阳应霁 著

图书在版编目（CIP）数据

快煮慢食：十八分钟味觉小宇宙／欧阳应霁著．—3 版（修订版）．—北京：生活 · 读书 · 新知三联书店，2018.7
（Home 书系）
ISBN 978－7－108－06188－1

Ⅰ．①快…　Ⅱ．①欧…　Ⅲ．①菜谱　Ⅳ．① TS972.12

中国版本图书馆 CIP 数据核字（2018）第 016632 号

责任编辑　郑　勇　王海燕　唐明星
装帧设计　欧阳应霁　康　健
责任印制　宋　家
出版发行　生活 · 讀書 · 新知　三联书店
　　　　　（北京市东城区美术馆东街 22 号　100010）
网　　址　www.sdxjpc.com
图　　字　01-2018-3032
经　　销　新华书店
印　　刷　北京图文天地制版印刷有限公司
版　　次　2009 年 7 月北京第 1 版
　　　　　2010 年 6 月北京第 2 版
　　　　　2018 年 7 月北京第 3 版
　　　　　2018 年 7 月北京第 3 次印刷
开　　本　720 毫米 × 1000 毫米　1/16　印张 12
字　　数　132 千字　图 533 幅
印　　数　25,001－34,000 册
定　　价　49.00 元
（印装查询：01064002715；邮购查询：01084010542）

修订版总序　好奇再出发

他和她和他，从老远跑过来，笑着跟我腼腆地说：欧阳老师，我们是看你写的书长大的。

这究竟是怎么回事？一个不太愿意长大，也大概只能长大成这样的我，忽然落得个“儿孙满堂”的下场——年龄是个事实，我当然不介意，顺势做个鬼脸回应。

一不小心，跌跌撞撞走到现在，很少刻意回头看。人在行走，既不喜欢打着怀旧的旗号招摇，对恃老卖老的行为更是深感厌恶。世界这么大，未来未知这么多，人还是这么幼稚，有趣好玩多的是，急不可待向前看——

只不过，偶尔累了停停步，才惊觉当年的我胆大心细脸皮厚，意气风发，连续十年八载一口气把在各地奔走记录下来的种种日常生活实践内容，图文并茂地整理编排出版，有幸成为好些小朋友成长期间的参考读本，启发了大家一些想法，刺激影响了一些决定。

最没有资格也最怕成为导师的我，当年并没有计划和野心要完成些什么，只是凭着一种要把好东西跟好朋友分享的冲动——

先是青春浪游纪实《寻常放荡》，再来是现代家居生活实践笔记《两个人住》，记录华人家居空间设计创作和日常生活体验的《回家真好》和《梦·想家》，也有观察分析论述当代设计潮流的《设计私生活》和

《放大意大利》，及至入厨动手，在烹调过程中悟出生活味道的《半饱》《快煮慢食》《天真本色》，历时两年调研搜集家乡本地真味的《香港味道1》《香港味道2》，以及远近来回不同国家城市走访新朋旧友逛菜市、下厨房的《天生是饭人》……

一路走来，坏的瞬间忘掉，好的安然留下，生活中充满惊喜体验。或独自彳亍，或同行相伴，无所谓劳累，实在乐此不疲。

小朋友问，老师当年为什么会一路构思这一个又一个的生活写作（life style writing）出版项目？我怔住想了一下，其实，作为创作人，这不就是生活本身吗？

我相信旅行，同时恋家；我嘴馋贪食，同时紧张健康体态；我好高骛远，但也能草根接地气；我淡定温存，同时也狂躁暴烈——

跨过一道门，推开一扇窗，现实中的一件事连接起、引发出梦想中的一件事，点点连线成面——我们自认对生活有热爱有追求，对细节要通晓要讲究，一厢情愿地以为明天应该会更好的同时，终于发觉理想的明天不一定会来，所以大家都只好退一步活在当下，且匆匆忙忙喝一碗流行热卖的烫嘴的鸡汤，然后又发觉这真不是你我想要的那一杯茶——生活充满矛盾，现实不尽如人意，原来都得在把这当作一回事与不把这当作一回事的边沿上把持拿捏，或者放手。

小朋友再问，那究竟什么是生活写作？我想，这再说下去有点像职业辅导了。但说真的，在计较怎样写、写什么之前，倒真的要问一下自己，一直以来究竟有没有好好过生活？过的是理想的生活还是虚假的生活？

人生享乐，看来理所当然，但为了这享乐要付出的代价和责任，倒没有多少人乐意承担。贪新忘旧，勉强也能理解，但其实面前新的旧的加起来哪怕再乘以十，论质论量都很一般，更叫人难过的是原来处身之地的选择越来越单调贫乏。眼见处处闹哄，人人浮躁，事事投机，大环境如此不济，哪来交流冲击、兼收并蓄？何来可持续的创意育成？理想的生活原来也就是虚假的生活。

作为写作人，因为要与时并进，无论自称内容供应者也好，关键意见领袖（KOL）或者网红大V也好，因为种种众所周知的原因，在记录铺排写作编辑的过程中，描龙绘凤，加盐加醋，事实已经不是事实，骗了人已经可耻，骗了自己更加可悲。

所以思前想后，在并没有更好的应对方法之前，生活得继续——写作这回事，还是得先歇歇。

一别几年，其间主动换了一些创作表达呈现的形式和方法，目的是有朝一日可以再出发的话，能够有一些新的观点、角度和工作技巧。纪录片《原味》五辑，在任长箴老师的亲力策划和执导下，拍摄团队用视频记录了北京郊区好几种食材的原生态生长环境现状，在优酷土豆视频网站播放。《成都厨房》十段，与年轻摄制团队和音乐人合作，用放飞的调性和节奏写下我对成都和厨房的观感，在二〇一六年威尼斯建筑双年展现场首播。《年味有 Fun》是一连十集于春节期间在腾讯视频播放的综艺真人秀，与演艺圈朋友回到各自家乡探亲，寻年味话家常。还有与唯品生活电商平台合作的《不时不食》节令食谱视频，短小精悍，每周两次播放。而音频节目《半饱真好》亦每周两回通过荔枝 FM 频道在电波中跟大家来往，仿佛是我当年大学毕业后进入广播电台长达十年工作生活的一次隔代延伸。

音频节目和视频纪录片以外，在北京星空间画廊设立“半饱厨房”，先后筹划“春分”煎饼馃子宴、“密林”私宴、“我混酱”周年宴，还有在南京四方美术馆开幕的“南京小吃宴”，银川当代美术馆的“蓝色西北宴”，北京长城脚下公社竹屋的“古今热·自然凉”小暑纳凉宴。

同时，我在香港 PMQ 元创方筹建营运有“味道图书馆”（Taste Library），把多年私藏的数千册饮食文化书刊向大众公开，结合专业厨房中各种饮食相关内容的集体交流分享活动，多年梦想终于实现。

几年来未敢怠惰，种种跨界实践尝试，于我来说其实都是写作的延伸，只希望为大家提供更多元更直接的饮食文化“阅读”体验。

如是边做边学，无论是跟创意园区、文化机构还是商业单位合作，都有对体验内容和创作形式的各种讨论、争辩、协调，比一己放肆的写作模式来得复杂，也更加踏实。

因此，也更能看清所谓“新媒体”“自媒体”，得看你对本来就存在的内容有没有新的理解和演绎，有没有自主自在的观点与角度。所谓莫忘“初心”，也得看你本初是否天真，用的是什么心。至于都被大家说滥了的“匠心”和“匠人精神”，如果发觉自己根本就不是也不想做一个匠人，又或者这个社会根本就成就不了匠人匠心，那瞎谈什么精神？！尽眼望去，生活中太多假象，大家又喜好包装，到最后连自己需要什么不需要什么，喜欢什么不喜欢什么都不太清楚，这又该是谁的责任？！

跟合作多年的老东家三联书店的并不老的副总编谈起在这里从二〇〇三年开始陆续出版的一连十多本“Home”系列丛书，觉得是时候该做修订、再版发行了。

作为著作者，我很清楚地知道自己在此刻根本没可能写出当年的这好些文章，得直面自己一路以来的进退变化，但同时也对新旧读者会在此时如何看待这一系列作品颇感兴趣。在对“阅读”的形式和方法有更多层次的理解和演绎，对“写作”有更多的技术要求和发挥可能性的今天，“古老”的纸本形式出版物是否可以因为在不同场景中完成阅读，而带来新的感官体验？这个体验又是否可以进一步成为更丰富多元的创作本身？这是既是作者又是读者的我的一个天大的好奇。

作为天生射手，自知这辈子根本没有真正可以停下来的一天。我将带着好奇再出发，怀抱悲观的积极上路——重新启动的“写作”计划应该不再是一种个人思路纠缠和自我感觉满足，现实的不堪刺激起奋然格斗的心力，拳来脚往其实是真正的交流沟通。

应霁

二〇一八年四月

序　十八分钟快感

十八分钟可以做什么?

可以在港铁上环站邂逅，中环站试探，金钟站动情，湾仔站动手，铜锣湾站悬崖勒马，天后站、炮台山站初起口角，北角站僵持，鱼涌站理性地以转车理由分手。

可以由前法国总统夫人卡拉·布吕尼（Carla Bruni）2002 年处女大碟《有人告诉我》（*quelqu'un M'a Dit*）同名第一歌曲（cut）二点四五分钟听到第二 cut *Raphael* 二点二三分钟听到第三第四第五 cut 的一半，一边听一边羡慕妒忌为什么她是女人我是女人，她可以由超级模特（super top model）摇身一变"懒音"歌手再一变成婚前拖着十岁儿子和候任丈夫在狗仔闪光灯下出游法国迪士尼的新闻女王?

也可以穿一身耐克专业（Nike Pro）迷彩紧身运动衣裤胸怀大志打算做坐姿推胸仰卧腿举颈前下拉、站姿提踵哑铃侧平举和哑铃弯举，怎知四五位肌肉暴胀的把胸背腿的表皮都涂满鸦的师兄占领所有器械且在谈天说地，你只好冒着膝盖受损之高危勉强抢占一台跑步机快跑它十八分钟出一身大汗。

十八分钟，习惯滥情的可以下跪向上问天，人一生究竟有多少个十八分钟?! 又或者你顶回一句，十八分钟，行行企企，什么事也没有发生。

对于一个嘴馋好吃的人如我，当然可以跑进一家七八十年老铺以八分钟吃罢一碗云吞面一碗牛筋河一碟芥蓝再打算添点什么，也可以在家里厨房以八十八分钟，甚至二百八十八分钟亲手做出一桌印度尼西亚加多加多沙拉、福建手卷薄饼、意大利墨鱼汁海鲜饭、上海外婆红烧肉、法国白豆焖大肠，更以中东薄荷蜜饯橘子为甜品画一完美句号。

但如果只给我十八分钟，我当然可以走入厨房，快手快脚全无难度地只做一样东西，可以是汤可以是面是饭是前菜是甜品，反正都是最能够讨好五劳七伤的自己的安慰食物（comfort food）。实验成功满足了自己，当然也可以进一步惠及心爱的一人或众人。

大条道理地奉劝大家回归厨房也是多余的了。享受过程，好滋味说明一切，就让这十八分钟的好吃之旅，从当下这一秒钟开始！

应霁

目录

Contents

SEIKO
JAPAN

薯我所欲

从来笨，没有什么聪明过人杀手锏甚至连记性也不太好，所以只得相信努力，再努力，再再努力——怪不得认同阿甘、阿信以及大长今。

一人上路，上下努力求索，未免苦了一点点，所以找来对象投射互勉，比方说那些堆放在床边的 bearbear 熊，越蠢越笨越丑越得我心。

就连食物也多心地视作依赖，诸如米饭面包马铃薯这些平凡无奇的基本充饥饱肚之物，都是我的 comfort food。

看见身边那些努力瘦身减肥的，努力把如此美味如此满足的马铃薯推开，实在叫人低头惋惜。

我爱马铃薯，从各式加盐加醋加胡椒加芥末加紫菜加香料的或炸或烤的原块或人工再造的或厚或薄的薯片开始，到各种长短粗细的有皮没皮薯条，到混进各式调味、香草或只是纯净牛油牛奶的薯蓉，又或者是最简单的现焙现烤一个马铃薯，加点油盐撒点现磨黑椒，不必有烟肉粒和芝士蓉，都会叫我马上闭眼微笑上天堂。

快刀把马铃薯切丝汆烫加糖加醋加辣椒油做凉拌，又或者加花椒加迷迭香加盐快炒做下酒前菜，都是又快又好的美味。手执一把波浪纹削刀，手起刀落就切出又薄又弹的薯片，心理上和实际上都加大了薯片的“面积”，如此小聪明也着实不“薯”，又或者只是拿起面前普通不过的菜刀，一刀一刀认真地切出长短大小都不必一样的薯条，备用候教，自制美味在前面。

北方人把马铃薯叫作土豆，更亲切、更贴题，与英文世界里把芸芸众生你我比喻作小人物（small potato），倒也互相补足呼应。

不规则的爱

以下几百字其实不牵涉畸恋、不伦或者变态——老实说，所谓正常，常常也是很沉闷很无聊的。

所以心底里还是渴望出轨，至少不要一本正经循规蹈矩。即使你我因为条件能力所限只能做乖宝宝，希望也能放开胸襟包容别人尝试离经叛道的种种，人人各自有其独特处，才显得多元有趣。

也因为这样，对中外厨房餐具的百年老品牌，尊重的同时却只会敬而远之。只因这些响当当的名字都倾向保守，太在乎自己作为精品的长相和价值，所以都落得一个稳重有余活力不足的状态，反而那些小本经营的独立设计团队，几年下来闯出一条自己的路，设计生产出一些极富创意，一派满不在乎的作品，在规则以外生存，作为旁观的消费的如我，直呼过瘾！

既有来自巴黎的二人女子组合 “Tse & Tse”，早已是一众不规则的同好的心爱家居品牌：东倒西歪的杯盘碗碟，需要小心轻放的白瓷灯罩，在印度手工制作的纸灯串，把试管连成一排花瓶……总觉得她俩就像爱玩爱试验的小女生，把大家早已放在心里的古怪意念释放出来。最爱用的一对微微倾斜的白瓷酒杯，是日常小喝红酒的一个另类选择，如果大伙儿一起高高兴兴，我就会搬出同样设计，里面却镀上了银漆或者金漆的亮丽版本。

另外亦有英国女子简·斯坦利（Jane Stanley），设计生产的一批白瓷碟子都是厚薄方圆不规则的，后来更有这一对像一时重手捏扁的玻璃杯，用来喝水喝啤酒都绝妙，世界也从此为你为我为她扭曲倾斜。

材料（两人份）

·马铃薯	四个
·花椒粒	三大匙
·迷迭香（rosemary）	一束
·海盐	适量
·橄榄油	适量

1	2	3	4
5	6	7	8
9	10		

按部就班

1. 先把马铃薯削去皮（三分钟）
2. 再将马铃薯切成长条（四分钟）
3. 把花椒略加研磨（一分钟）
4. 用橄榄油加热起锅，放进一半花椒爆香（一分半钟）
5. 把马铃薯放锅中（半分钟）
6. 不断翻匀，让花椒油沾满薯条（两分钟）
7. 边炒边将余下花椒加入（半分钟）
8. 把洗净的迷迭香放入同炒（两分钟）
9. 再以适量盐调味拌匀（半分钟）
10. 简便香口下酒美味，无难度极速上桌（半分钟）

冷热小知识

使用迷迭香时不要贪心，放多了味道会太重，甚至让食物变苦。把迷迭香叶片摘去后的细枝干可用来做烤羊肉的木签，增添香气。

飘移故乡

懒得再用上几千字去辩证究竟南方云吞和北方水饺有什么关系，北方馄饨和南方水饺又有什么关系。因为越说越麻烦越说越糊涂，是兄弟？是姐妹？是异性还是同性恋人？其实都无所谓，反正云吞一般皮薄，水饺一般皮厚，因此长相也不一样。最重要的是有料有馅，如此说来，云吞和水饺的馅又可以差不多，各家各派各有门路，没有正宗不正宗的。

镜头一转，意大利的 tortellini 一般译作小馄饨， ravioli 却一时叫作小方饺一时直呼意大利云吞。其实也都无所谓，反正里头的奶酪馅、南瓜馅、蘑菇以至混有松露馅，最夸张的甚至有龙虾馅、鹅肝馅，煮好后配上或浓或淡的酱汁，或精致一碟一个，或堆堆叠叠一大盘，都讨人欢心，吃来都一发不可收拾。

此时此刻人在意大利，大量意大利面、比萨，以至什么方饺什么云吞都原装正版全天候供应，本来已经时常怀疑自己前生或者后世已经或者将会是意大利人的我，竟又极度飘移，他乡故乡，平白无故地怀念起自家的云吞或者水饺。

要在意大利的大城市如米兰、佛罗伦萨或者罗马吃到中国的水饺和云吞并不太困难，甚至可以吃到很地道的版本——猪肉韭菜的、羊肉白菜的、菠菜加上木耳和摊（煎）鸡蛋做成素馅的，如果相熟，也可更刁钻地要求西红柿（番茄）鸡蛋的，甚至只在老北京民俗饮食大观书中看到的羊肉加上蟹肉做馅的，连蘸酱的生蒜香醋酱油也不变，但既然身处意大利，不如再尽情玩一下，饺子里的青菜换上当地芝麻菜（rucola）或者新出芦笋或者鲜嫩青豆，又或者饺子内涵不变只在酱汁上面做手脚，所以心血来潮就有了面前的西洋菜猪肉水饺配鼠尾草（sage）牛油汁拌青芦笋，中意第一故乡第二故乡大联盟，自由飘移，是飞特族（freeter）飞来飞去落地后第一餐首选。

五星大鼠

随便下一堆速冻饺子，浮起来熟了捞起就吃连蒜呀醋呀也不蘸，曾几何时我也是这样。但日久逐渐挑剔刁钻起来，即使没有太多时间也愿意多花心思，矢志把沉闷变得有趣。

要做一个最简单但也最独特最强烈味道的酱汁，马上想起牛油和鼠尾草。我的助手小朋友之前没有见过新鲜鼠尾草，我递一片给他打算让他闻闻，百无禁忌的他揉了揉竟放进嘴里，马上苦涩得挤眉弄眼。

但当把鼠尾草放进牛油里加热，牛油的动物性骚香配上鼠尾草的植物性清冽辛辣，竟然是绝配。而不必回避的就是那种特殊的“药”味，的确鼠尾草有镇静、解热、镇痛、帮助消化的功效，sage 这个词源自拉丁文 salvere，也就是救治的意思。

对于二十四小时全方位全天候肚饿者如我，经常需要食物来救治，随随便便已经不能满足，倒是误打乱撞够刺激，就像这次在用牛油煎出鼠尾草香气的时候，在锅中撒下海盐却浮出了白色泡泡，食味还好就是影响了卖相。下回可得把海盐稍迟直接磨撒在下了牛油汁的水饺和芦笋上，边做边吃边学，朝五星级大鼠宝座又进一步。

材料（两人份）

·生水饺	十六只（可在北方水饺店买新鲜现做的）
·幼嫩青芦笋	一束二十根
·鼠尾草	一棵
·牛油	一小块
·海盐	适量
·腐乳酱	四大匙
·橄榄油	适量

1	2	3	4
5	6	7	8
9	10	11	12

按部就班

1. 先将芦笋洗净，切去根茎末端（一分钟）
2. 再将鼠尾草叶片逐片择出（一分钟）
3. 锅中水大热下饺（全程八分钟）
4. 再用另锅汆烫芦笋（两分钟）
5. 同时撒下少许海盐调味
6. 水饺浮起已熟
7. 芦笋烫过之后放置碟中（一分钟）
8. 将水饺用勺子捞起，置于芦笋上（一分钟）
9. 猛火烧红锅转小火，将牛油熔化（一分钟）
10. 将鼠尾草平放锅上，煎渗出香味（两分钟）
11. 同时撒下少许海盐调味
12. 将鼠尾草牛油汁淋于水饺和芦笋上，中意大联盟，好食好色好香好味道（一分钟）

冷热小知识

鼠尾草 sage 是西方传统制作香肠时必备的香草，所以香肠 sausage 一词，也以 sage 作尾。

素面之缘

人在意大利，从熟悉的米兰、威尼斯、佛罗伦萨走到陌生的第一次探访的那不勒斯、索伦多以至古城玛泰菲，依然又回到一切都巨大无比的罗马。十多天轻轻走了一转，最兴奋的当然是餐餐不同的意大利面食（pasta）pasta pasta，粗细长短肥瘦，有馅无馅，酱汁有稀有稠，从一而终地贯彻有嚼劲（al dente），吃着吃着竟不禁想起我们的银丝细面，弹牙感有过之而无不及。

和意大利朋友聊起那个“千古奇案”，究竟面条是中国人的发明，还是意大利人的创造？曾几何时煞有介事地大肆渲染，各自都企图为国争光，于我这等嘴馋好吃的，倒没有那么固执坚持这是谁家的专利，明显不过的是必须好吃，酱汁必须不多不少地沾在面条上，即使是最简单的橄榄油蒜头辣椒炒意大利面，对每种材料的先后配置分量比例都十分讲究。对意大利厨师来说，如果连这一道入门的招牌菜也做不好，根本就无面目见乡亲父老。

饱食意大利面食（pasta）可以不想家，但偶然在脑海中闪过的却是家中厨房里必备而且常吃的福建面线。这是我妈妈家乡最经典地道的日常面食，可以材料十足地又虾又肉又菜又炒又煮，也可以是素面一束拌上蒜蓉和麻油或者炸过的红葱头油——极细极软又煮得韧劲刚好的面线，永远是我的 comfort food。

手工奇技

先是京菜馆子表演的拉面，再来就是机场一度出现的龙须糖，这些把一团面或者糖浆又搓又揉又捏又挤，然后又压又拉又甩然后变成面条以至更细的糖丝。于我这个笨手笨脚却只会说好吃好吃的人来说，简直是奇技——但这却又是千真万确一手（双手）制作出来的民间平常食物，源自福建的面线也是当中的骄傲一员。

始终还没有机会一睹面线的制作过程，只知道福建面线也分漳州和泉州一派，福州又是一派。漳泉一派先到台湾落地生根，所以台湾朋友会称之为“本地面线”或者“本地仔”，后来的福州一派就自然是“福州仔”了。

面粉加入适量盐水搅拌，以手揉出面粉的筋性，再把面粉团中的空气挤出来，推平并切割成手臂粗的面条，然后就开始神乎其技的搓揉捏挤压拉甩的功夫，手臂粗变成手指粗，再以八字形方式盘在两根平行竹竿上，变长后再开始拉面成线，经日晒而干——

书中所载还是似懂非懂，一定要目睹，一定会目瞪口呆！

材料（两人份）

·手工面线　两束
·蒜头　两头
·青葱　一束
·海盐　适量
·橄榄油　适量

1	2	3	4
5	6	7	8

按部就班

1. 先将青葱洗净切段备用（两分钟）
2. 再将蒜头去衣剥好切细备用（三分钟）
3. 将葱段以中火炸至焦黄，取起以厨纸拭油备用（三分钟）
4. 将蒜粒炸至金黄软身，熄火取出备用（三分钟）
5. 烧开水将面线下锅，可放少许盐少许油（半分钟）
6. 煮软后捞起放碗中（两分半钟）
7. 放入蒜粒拌好（一分钟）
8. 加盐调味拌好，并放炸好之葱段于面线上，简单惹味，可以召集好吃的意大利友人的激赏（一分钟）

冷热小知识

为了使煮好的面条既软且韧不会糊作一团，可以在锅中面水沸腾、面身开始变软时再放入一碗温水，待水再次沸腾时，面就可以马上起锅了。

蛋的突破

这边厢有法籍西班牙籍英籍以至港产大厨都打着分子烹调法的旗号，把普通不过的一个蛋经过冷热高低温处理搓圆压扁，做到入口有蛋香而无蛋之固有形象，以刺激大家本已疲累的味蕾和食欲——那边厢传来一个叫人啼笑皆非的真人真事——一群初中女学生课外活动到厨房见识，当中一位小妹妹拿起一个鸡蛋竟然呆站久久不知如何敲破，直到鸡蛋跌落大理石桌面自行破裂，百分百以卵击石，以其不是心甘情愿的无知和幼稚再一次向大家展示了家庭学校社会教育的失败。如何敲破一个蛋究竟是一般常识（common sense）还是通识教育或者特殊教育？哪位问责官员可以出来解释？

实在你我都不要偷笑，因为我们的日常生活实用知识都一样贫乏可怜。偶然走进街市，叫不出瓜果蔬菜的各自名字很平常，分不清鸡鸭鹅的概率也很高。鱼就是鱼，哪条是红衫哪条是石斑能够分辨出来简直是天才。正如隔着大西洋太平洋另一端的同辈，有了茄汁就根本没有番茄的概念，有了薯条还哪有空认识马铃薯究竟长什么样子。从这个角度来看，社会是在一日一日退步的，如果你愿意如此这般，我也没话说。

但如果你试过那温柔得厉害的温泉玉子，那比蛋糕更实在的厚烧玉子，那香嫩细滑的黄埔蛋，那连下三碗白米饭的三色蒸水蛋，还有那煎得蛋白焦香而蛋黄依然溏心的荷包蛋……蛋，绝无疑问是No.1 comfort food，你一定不忍我们及我们的下一代连敲破一个蛋的能力也消失。

蒸好水蛋和煎好荷包蛋都要师傅教路且要好好练习，但以水焓熟蛋为基本食材，再加豆豉加葱加蒜加辣椒炒成这一道“湖南蛋”就保证成功率百分百。不吃零蛋，就从蛋的突破开始！

黑武士道

跟一代又一代的香港同胞一样，我是从珠江桥牌罐头豆豉鲮鱼开始认识并爱上豆豉的。

刮风天，不刮风天，豆豉鲮鱼自懂事开始就是家中厨房必备。但自从多了一点点健康知识，既有新鲜食材就可婉拒罐头，更何况发现了港产豆豉精品：系出名门“九龙酱园”的自制豆豉，更取代了坊间超市的包装牌子。

参观过九龙酱园的制豆豉过程，黄豆（或黑豆）经浸泡蒸煮待凉，就放进称作“黄房”的工房天然发酵制曲，假以时日冲洗后加姜加盐及适当秘方调味，让它再次发酵，再晾干便成咸香得醉人的豆豉，说醉不是夸张，许是发酵原因，的确有浓重的酒味！

粤菜的蒸炒食谱中用蒜头豆豉调腌食材及起锅向来很普遍，但大量用上豆豉的也许只吃过“罗定豆豉鸡”。至于这一款“湖南蛋”为什么不叫作“江西蛋”或者“广西蛋”，却是一位祖籍湖南的台湾朋友在他经营的食店中的一道热门下饭菜。我每趟光顾都必点这道菜，吃多也就顺手偷回来，试试自行制作。为了尊重知识产权，还得继续尊称“湖南蛋”，但豆豉还得用实在是香港之光的九龙酱园的顶级货！

材料（两人份）

·鸡蛋	五个
·葱	一大束
·红辣椒	两个
·蒜头	一球
·豆豉	四大匙
·橄榄油	适量
·馒头 / 花卷	各两个

1	2	3	4
5	6	7	8
9	10	11	

按部就班

1. 先将鸡蛋冲水洗净，再放入冷水锅中，开大火煮熟（八分钟）
2. 另锅隔水蒸热现成的馒头和花卷（八分钟）
3. 同步先将蒜头切粒（三分钟）
4. 再将葱洗净切粒（四分钟）
5. 将红辣椒切粒，怕辣的可去籽（一分钟）
6. 将煮熟的鸡蛋放冷水稍凉，剥壳后切片（三分钟）
7. 以橄榄油起锅，爆香蒜粒、辣椒和豆豉（一分半钟）
8. 将葱放锅中炒好（一分半钟）
9. 把蛋片加入炒匀（一分钟）
10. 花卷和馒头蒸热可取出上桌
11. 咸香辣汇集一身，加上蛋白的嫩、蛋黄的实在，下饭配包点甚至下酒的热炒好菜，激赏登场

冷热小知识

豆豉除了做菜调味，也可入药。小时候伤风感冒初起，就会喝到外婆用豆豉、姜、葱熬煮的一碗汤水，喝后盖被睡一会儿，出一身汗后便轻松舒服得多。

宵夜夜宵

在上海浦东机场刚下飞机，打车进城安顿好已经是午夜十二时十一分了，几通电话来往，我们才约在酒店大堂见面。好久没见了，好久也只是八九个月。上回在台北在诚品书店的咖啡室碰上，从各自的聚会中抽身站到走道上站着嘘寒问暖，都知道大家忙，而且忙得金睛火眼灰头土脸的只能拥抱一下鼓励对方加油努力。怎知事情也有戏剧性变化，我在路上越走越凶，今天在这明天在那，她也毅然离开了台北，转战上海，成为一个媒体集团的要员，负责一份全国发行的流行周刊的编辑工作。几个月下来，她以长期刻苦训练出来的专业素养，挑起这个杂志城市版面的筹略和执行工作，日以继夜地铺开她的“天罗地网”，连接起国内外这个城市跟那个城市，这个有趣的人跟那个好玩的作者与读者的关系，面向大众的开阔包容又保持一种小众的敏感机灵，提供多元的选择，这都是让这个时代以及这个时代的人存活得更有意义的方法与态度吧。

老友见面，当然要互通消息八卦一番，然而三更半夜，连酒店的咖啡厅也关灯打烊了，该到哪里去聊天吃喝呢？一谈到要吃，老友好像有点压力，看来又是我的嘴刁给大家带来的麻烦。没关系，我们还是跳上出租车，把她在电话中紧张兮兮地跟友人问路的建议巡回一下。先是一家吃潮州菜的小馆，但下车一看不怎么对劲，场面清冷而且装潢格局脏兮兮的，决定走人。对面的一家港式火锅城与旁边的一家四川馆子也不行，还是再打辆车到曾经吃过一趟的一家营业到凌晨四点的台式食肆去，咖啡店的格局，起码知道自己在吃喝什么。

难得碰面，一切平日严守的临睡前尽量不吃喝的规矩就先放一旁，台式清粥小菜从来是我的至爱，对坐在我面前的这位台湾同胞就更是熟悉不过。我不客气马上点的是九层塔煎蛋、地瓜（番薯）粥、炒米粉，忍不住更来一份台式熥肉（红烧五花肉），瞬即摆满一桌，一不小心还以为自己身处午夜台北光复南路的清粥小菜夜宵摊铺，那个一起出来行走，在她的引领下在电音舞会中疯狂放肆的日子历历在目，跳得精疲力竭，还魂的就是凭这一箸九层塔煎蛋，这一碗地瓜粥。

小城故事

这一家营业到凌晨四点的台式食肆，取了一个十分台湾的名字，也是一代歌后邓丽君的名曲——小城故事。

坐到店里头窝在高靠背沙发座中，虽然店主没有真的在播放那温婉甜腻的邓腔，但空气中飘荡的种种香气确是十分地道的台湾：九层塔的大剌剌的挥发性的香，番薯的甜暖，卤肉饭的油香葱香肉末香，简单不过却无穷吸引。

我笑着跟老友说，相对于北京上海这些超级庞大的城市，这么伟大的规划建设和论述，台北和香港倒真的是小城，如果还有天花乱坠的，都是口口相传的传奇小故事了。小城也该有小城的好，可以比较方便地来回走动，一天到晚做着琐琐碎碎的日常小事，也没有什么太大的负担。而小城当然也有小城的吃喝饮食，简简单单地饱肚暖胃就好。小城也早就没有农作了，就从更小的镇里运来长在土里的结在树上的，随便弄弄，吃不坏也就 OK。

就如面前的来自日本某某农场的小番薯，包装上还特别标明由哪一位农友栽种，十分有人情味。其实生活在台北也好香港也好，背靠的还是有邻近的农产物资作为生活食材，还是可以选择过简单好日子，无论早餐或者夜宵，都可以以番薯 / 地瓜粥饱肚，有始，也有终。

材料（两人份）

·九层塔（金不换）	一大束
·鸡蛋	四个
·红辣椒	两个
·海盐	适量
·橄榄油	适量
·白米饭	一碗
·日本红皮小番薯	三根

1	2	3	4
5	6	7	8
9	10		

按部就班

1. 先将番薯洗净，连皮切小片（两分钟）
2. 将米饭放进烧开水的锅里（一分钟）
3. 将番薯放进，中火煮成稀饭，途中间歇拌匀以防粘锅（八分钟）
4. 煮粥的同时，洗净九层塔，去梗取叶切碎（三分钟）
5. 红辣椒切小粒，备用（一分钟）
6. 将四个鸡蛋敲开放碗中（一分钟）
7. 放入九层塔（半分钟）
8. 放进辣椒粒，加盐调味，与蛋液拌匀（一分半钟）
9. 烧红油锅，转中火将蛋液材料徐徐放进（半分钟）
10. 蛋饼成形后，可再放入原块九层塔叶片，以锅盖帮助反煎另一面至金黄。那边厢，番薯粥也该煮好，三更半夜不愁无伴无吃喝（两分钟）

冷热小知识

九层塔是台湾的普遍称呼，其实也就是罗勒（basil）的一种。接近顶端的幼嫩叶片最甜最香，但因为其芳香精油容易挥发，不宜烹调过久，所以最好在菜做好起锅前再放入。

天地正气

东南西北飞来飞去，那种一觉醒来不知身处何方的感觉，从初体验的陌生刺激，到长久下来的麻木以至厌倦，不同人不同年纪和健康状态，都会有不同的反应。我还好，还算对每个到过或者未到过的地方都有一些想象，尤其对每天的早餐都有期待。

有些地方的酒店一住进去，大抵就可以感觉到他家的早餐可以提供什么样的货色——所谓五星酒店一列排开的中日韩新马印以至南欧北欧北美南美全方位大杂烩的早餐，也只是以多取胜，越多就越难精彩，性格越见模糊。所以往往在早餐桌前巡过一遍之后，就开跑到街外的独立小铺去觅食。这家专门卖豆浆油条的，喝豆汁吃焦圈和咸菜的，那家专卖包子和小云吞的，还有大清早就吃一大碗面的，都因为专注所以比酒店里做得好吃。小店里人头涌动挤在一起热腾腾地吃喝着，吵吵闹闹很是痛快，唯一要关注的，也就是卫生和安全的问题。

毕竟是南方人，吃米饭长大，所以在种种有国籍早餐无国籍配搭的经历中，要挑一个最贴心、最踏实的选择，还是会情归一粥一饭。尤其是在长期旅途的中后期，身体劳累甚至有点小病，就更需要吃进去通体饱暖的来支撑。从美味程度到营养价值到心理抚慰——在这个腊味登场的秋冬季节，就跟这种传统食材好好地来打个交道吧。

有根有据

如果说番薯是漂洋过海见多识广的表哥，芋头也该是旗鼓相当甚至更有性格的表弟。追溯原产地，都是十万九千里外的南美山区，但东渡到此也算是落地就能生根，而且日积月累发展出种种不同的食用方法。

淀粉质丰富的芋头，地下根茎连绵粗壮实在，小巧的几个足以果腹，双手捧的一大个真的可供一家四口共食。广东人对待芋头，也是有粗有细的，重量级如芋头扣肉，只吃饱吸肉汁的软糯芋头者大有人在。又如过年时节的芋头糕，与萝卜糕各领风骚平分天下。点心中的荔浦芋角，大菜中的酥炸芋头鸭，都叫芋头游走于主角配角之间，反正就是厉害角色。吃过潮州特色的生炒腊味糯米饭，最精彩的是加入了芋头粒同炒。所以今回这个简化版本，也邀来芋头担当要角，保证饭盖一开，芋香四溢。

材料（两人份）

·小芋头	六个
·葱	一大束
·腊肠 / 膶肠	各一条
·白米	一杯

1	2	3	4
5	6	7	8
9			

按部就班

1. 先将芋头洗净刨皮（三分钟）
2. 将芋头切粒（两分钟）
3. 洗好米下锅，并将芋头粒一同放进（五分钟）
4. 同时把膶肠切粒（两分钟）
5. 把腊肠切小粒（两分钟）
6. 葱洗净切小粒（两分钟）
7. 起锅将腊肠、膶肠炒至酥软（五分钟）
8. 关火前将葱放进拌匀（一分钟）
9. 饭熟后，将腊肠、膶肠和葱粒加入拌匀，饱暖美味，盛满一碗（两分钟）

冷热小知识

一如切洋葱时会使很多人流泪，削芋头时沾上含皂角苷的黏液也会令很多人皮肤很痒，甚至轻度发炎肿痛，此时可取生姜切片或捣汁轻拭，即可止痒。

补一补

曾几何时甚至到现在都依然相信，生命是用来燃烧的。

之前不太为意，就自信十足地认为有的是青春有的是活力，自发功都可以打天下，燃点起的斗志可以照亮前路，反正一直一直往前冲，登上最高的山，看到最多的风景，见尽不同的人，吃遍天下美食。——吃胖了不打紧，反正新陈代谢速率奇高，脂肪在体内瞬间燃烧，肥肚腩跑上几天步就不见了，这也是青春／生命在燃烧的一个具体案例。

可是烧呀烧的，过了这些时日就自觉烧剩的东西好像已经不多了。即使心境还是那么年轻（和幼稚），但体能总像不比从前。敲敲木头／但愿走好运（Touch wood）还好没有什么病痛，但跑起步来膝盖和脚踝比较容易受伤，坐久了会容易腰酸背痛，近视慢慢变作老花，熬夜几乎完全不可能……如此这般明显就是一个提示，烧呀烧的，已经是“熟男”一个。

成熟是种美，老得优雅也早就是终极目标，但如何让自己不致烧成一堆灰烬，能够在适当的时机出去娱乐（step out）一下，换一个身段更从容地再战江湖，正是我们这些后青年前中年男女有童心的成年人（kidult）的致力目标。眼见当年同时出道的一众好友，有的依然容光焕发手脚利落越战越勇，有的却是变形变体疲态尽露不忍目睹，就知道这可不是说笑可是大事一桩。

所以脑海中突然浮出一个“补”字，春夏秋冬都该有补的方法，补身的补心的，不要以为自己年少气盛就不必进补，既然嘴馋为食，顺便开口补一补也很正路。

补身补心

说补就补。记得前一阵子到新加坡的时候，早晨起来就去吃肉骨茶，一种版本有浓浓的中药味，另一版本是以胡椒和猪骨熬出浓汤，各自都很醒神，闻到也觉得正在进补。

隔了几天到台湾，为食朋友在台风中还热情款待，一桌都是台湾地道家乡美食，当中有一道糯米酒煮荷包蛋，配料简单得只用上了姜片和杞子，也传来麻油的浓香。

女性朋友说这是妇女界在产前十分适宜进食的。我笨拙地问那么我们男生吃又如何？她说没关系，只要先把第一碗让给女生吃就好了。

浓浓的暖胃的糯米酒香、驱寒的姜、滋润明目的杞子，加上一个刚煎好的外脆内滑的荷包蛋，看来一点制作难度也没有。回到香港忍不住尝试自制，更想当然地加入酒酿，让酒汤更有嚼头。刻意跑了一趟老字号九龙酱园买来可靠的糯米酒，下的麻油是刚在台湾买的老字号崁顶义丰麻油厂的百分百纯麻油，这些有信誉的老东西加起来本就有温暖亲切感，补身的同时也补心。

材料（两人份）

·糯米酒	两杯
·酒酿（上海杂货店有售）	一盒
·姜	六片
·杞子	一两
·麻油	两大匙
·鸡蛋	四个
·橄榄油	适量

1	2	3	4
5	6	7	8
9	10		

按部就班

1. 先将杞子用清水冲洗，再用温水浸软（一分钟）
2. 姜洗净切片，并去皮切长条（两分钟）
3. 以橄榄油起锅，将姜条煎至略干身并转金黄（两分钟）
4. 将两杯糯米酒及一杯水缓缓注入锅中（一分钟）
5. 将浸软的杞子放入酒中共煮（一分钟）
6. 将酒酿同时放进（半分钟）
7. 最后将麻油放进并拌匀，转小火继续煮（一分钟）
8. 起油锅煎荷包蛋四个（四分钟）
9. 将煮好的糯米酒酿分盛碗中（一分钟）
10. 将煎好的荷包蛋置碗中，地道古方对女性尤其有补身效用（一分钟）

冷热小知识

看看杞子的好几个别名，想象和引证一下它的颜色、长相、味道和功效——甘杞、血杞、苦杞、枸杞、天精子、地骨子……

加料心情

不晓得从什么时候开始，社会各界自上而下各式人等，都把“平常心”三个字挂在嘴边，姨妈姑姐炒输股票输光家用说平常心，小孩去露营遇上倾盆大雨扫兴之余又说平常心，无论是人为误失或者不可逆的天意都一一以平常心安慰之解释之，抚平了一切情绪起伏和本来自然不过的愤懑和伤痛。

当平常心这本来带有佛理有禅意的用语被轻松方便随时滥用，我们倒得开始谨慎一点认真面对这不平常——就像我们这些高工时低工资的勤勤恳恳的蚂蚁们，这一辈子以及下几辈子都是蚂蚁，注定要享受这工作过程，这是平常吗？当我们辛苦一天，下班时自己给自己借口要斩料加菜，走到原本还可以的街坊烧腊档前，看到那本应当油光满面、肥瘦均匀的叉烧垂头丧气脸有晦色地挂在一角，如果你还敢一试，你吃到的大概是染了色也失色、干瘦如柴、味如嚼纸的东西，食之无味弃之也不可惜。一家街坊老店连同它的叉烧会落得如此下场，看来其他的烧肉烧鹅油鸡卤味也好不到哪里，又岂可以平常心视之？

这是因为店主经营管理不善？是员工严重流失无后继？是租金狂升造成沉重压力？是食材来源质量每况愈下？都有可能，都是影响着“简单”如叉烧这种从小吃到大的食物的质量的关键。作为嘴馋为食的，当然不能以平常心接受这与时并退的事实，倒得认真问一问，我们这些钟爱的传统美味，是否都面临这种种灭绝的威胁?!

大嚿叉烧

“斩料，斩料，斩大嚿叉烧！”这则在电视上日播夜播的珠江桥牌玉冰烧酒广告，叫成长于二十世纪七八十年代的香港人，特别是在家里从来滴酒不沾唇的未发育少年，开始有大块吃肉、大口喝酒的冲动。在进口红酒成为新贵并在民间普及之前，这些由叔父辈传下来的豪饮广东米酒的习惯，的确与广东烧味如叉烧如烧肉如烧鹅的滋味十分合拍，十分街坊地道。

时移世易，已经长大成人可以合法地饮酒的当年一众少年，说不定对什么产区什么酒庄什么牌子什么年份的红酒如何与叉烧相配已经有独到心得，冷落了的恐怕就是那一瓶不再风光的玉冰烧。但其实也不必唏嘘，实在是叉烧在经烈火考验之前，都有用上这些传统烧酒作为腌料，芬香醇厚早已“入肉”，烧起来就更起提味作用。而我等不甚嗜酒的，就更可致力于既省时又花哨地把这经典美味重新“包装”，这回参考北京填鸭的吃法，热辣辣烤好那现成的印度烤饼，把爱吃的都一股脑儿放进去，无压力无包袱地推陈出新，也就是这个意思吧。

材料（两人份）

·厚切半肥瘦叉烧	十五片
·龙眼	二十颗
·奇异果	一个
·罗勒叶（basil）	一小束
·有机蜂蜜	五大匙
·芝麻菜（rocket）	适量
·印度薄饼	四块

1	2	3	4
5	6	7	8

按部就班

1. 先将龙眼洗净，去壳去核，留果肉备用（四分钟）
2. 将奇异果去皮，果肉切极碎备用（两分钟）
3. 罗勒叶洗净，切极细（两分钟）
4. 将罗勒叶、奇异果及龙眼肉同放碗中（半分钟）
5. 以蜂蜜把各材料拌匀（一分钟）
6. 洗净并拭干芝麻菜，铺于碟中（两分钟）
7. 将叉烧排列碟中（一分半钟）
8. 把龙眼、奇异果蘸酱置于叉烧上，以烘过的薄饼连肉带菜带酱进食，自制新意思（两分钟）

冷热小知识

学做果酱之前先来认识几个英语专有名词：
Jam 是由整粒水果磨碎或压碎，加糖熬煮。
Conserves 是由两种以上的水果加入糖、葡萄干或坚果同煮。
Preserves 是果酱中留有较大、较明显的块状水果。
Marmalade 专指橙柑橘类果酱，多留有果皮。
Chutneys 是加入糖、醋和香料，低温慢煮的果酱。

景德古窑

不醉无归

不醉无归的现代演绎是：不醉，无，归——喝了很多也不醉，无酒精成分，归家路上十分安全。

常常被那些酒后驾驶的政府宣传广告有效地吓倒，顿觉家人朋友以及素未谋面的路人甲乙丙都是值得爱护珍惜的，当然也包括自己的贱命一条。贱，往往也是自谦而已，其实自我（ego）无限大，总觉得未来有更好光景更多发挥，所以也更义无反顾地向前冲，一千几百个项目重重叠压，而当这些重叠成为时间精神的负担、生理心理的压力之际，酒就跑出来了。

快乐时喝酒，不快乐时喝酒，一个人喝酒，一群人喝酒。我这个不常喝但喝起来原来可以很凶的家伙，常常被朋友认为是酒量好。我倒也对那几回将醉未醉的经历印象犹深：一回是在台北那栋由两层老房子改建的饭馆里被新相识的朋友灌饮那土制的便宜的玫瑰红酒，喝呀喝的真的不能走直线，连下那条又高又陡的木楼梯也得贴着墙。另一回是在北京郊外的画家村，跟一众艺术家吃饭喝酒吹牛皮，那口杯装的二锅头也真够烈的，竟然也一杯又一杯地灌下去，然后得拜托朋友的朋友把我载回城中宾馆，一路上把车的后座当作失重太空舱。至于在巴黎友人的家里喝那些上佳的葡萄酒，喝到一半我就窝在沙发上沉沉睡去，醒来时宾客也已经走得七七八八。

将醉未醉始终是人生某个阶段中必须尝试的。过了那个起伏季节，就会期盼获得一种取代，让我告诉你，酒之后，是醋！

醋也酷

早就知喝醋有益，有助消脂不在话下，降胆固醇、通血管等益处一连串，曾经买来的高档意大利陈醋，煮食用倒只是那么几回，真正是小小一口一口在无数饱餐饭后喝光的，因为浓香厚稠的滋味和口感，实在是高潮所在，而且很酷。

有一回在台湾美食节担任国际厨艺大赛评判，从早到晚吃吃吃，二十八道参赛作品虽然只是一样一样浅尝数口，但加起来竟也撑满肚皮，幸好赛事现场旁边的摊位刚巧是一个卖酒卖醋的品牌，其中最受欢迎的产品就是它们的瓶装果醋饮品，分别有葡萄籽和柠檬柑橘两种口味，试了他们的已经按比例调释好的即饮版本，觉得味道淡了点，倒看上瓶装的浓缩版，可用冷水或热水自行调开——买了礼盒装两瓶加送苹果醋，走回评审室直接就开瓶调校，还请其他评审一起喝，帮助消化皆大欢喜。

由于安全反恐（？！）原因，不方便带有超量液体飞来飞去，所以什么酱油麻油以至醋就不能这么方便地带进带出送礼自用了，很是可惜。我买的这两瓶果醋，也只好带回酒店房间，几乎是从早到晚地喝，以免浪费，结果还是喝不完，得麻烦好友接力，带回家继续“消费”。

既然不敢“偷渡”，回到香港第一时间就跑到相熟的卖有机食物的店铺，买来一瓶用了桑葚（mulberry）加上陈年糯米醋和果寡糖（pligo）泡浸的天然有机桑葚醋，当然也是台湾出品，还得过消费者协会的千禧金牌奖，内附的宣传更大书特书桑葚的种种好处——有益健康当然重要，但入口好味才是我试喝后决定继续喝醋的原因！

材料（两人份）

·草莓　十颗
·覆盆子（raspberry）　二十颗
·蓝莓　三十颗
·薄荷叶　一小束
·有机桑葚醋　半杯
·冰块　适量

1	2	3	4
5	6	7	

按部就班

1. 先将几种水果以洁净水冲洗好（两分钟）
2. 草莓去叶片对切小块（三分钟）
3. 将有机桑葚醋注入高身宽口瓶，并以五至七倍冷开水调稀（两分钟）
4. 将洗净水果放进瓶中浸泡（一分钟）
5. 将洗净的薄荷叶片撕碎同放瓶中（一分钟）
6. 放入适量冰块（一分钟）
7. 自制杂果醋饮，不醉，无难度，健康满分（一分钟）

冷热小知识

作为制酒过程中的副产品，醋的种类几乎与酒一样多。西方的麦芽醋（malt vinegar）由发芽的大麦制成，苹果酒醋由苹果酒或苹果肉制成。香槟醋、葡萄醋和白酒醋都以酒做底，继续酸化发酵。意大利 balsamic 陈醋发酵时间最长也最浓郁。中国醋多为米醋，山西老陈醋、镇江香醋、四川保宁麸醋、福建永春老醋为我国四大名醋。

溏心良伴

在温泉玉子成为诱人入口的软滑新标准之前，溏心蛋的最佳状态一直是大家早午晚不断追求的。至于如何可以造就一个蛋黄介乎固体与液体的半流动形态的蛋，就得经过一次又一次的实验。

曾经看过一位英国厨师在食谱中写道，要成功煮好一个溏心蛋，从蛋下水到上水，四分钟不能多不能少。但他也许太高估他的读者们的资质，因为当今世上的确有很多很多人，尤其是十八至二十二岁的年轻人，真的从未入过厨房从未亲自煮过一个鸡蛋。如果只有这个四分钟的“规矩”，他们将会有以下的疑问和困惑：

1. 鸡蛋从冰箱中的蛋盒里拿出来，是否需要放上几分钟变温？
2. 变温之后放入锅里之前，是否需要用水清洗？
3. 为什么一定需要锅中冷水下蛋一起煮？热水下蛋是否一定会爆裂？
4. 煮鸡蛋的时候应否把锅盖盖上？盖上盖跟不盖上盖究竟有什么分别？
5. 所谓四分钟，究竟是盖上盖的四分钟还是不盖上盖的四分钟？
6. 鸡蛋煮四分钟，火候需要变化吗？先大后小？先小后大？
7. 鸡蛋煮了四分钟，为什么要马上离锅浸在凉水中？用冰水可以吗？
8. 为什么剥蛋壳时会粘破蛋白？
9. 如果剥了其中一个发现蛋黄太生，其他的可以回锅再煮吗？又要煮多久？

以上这一切一切的问题，也许还有更多更刁钻的问题，我都不打算（也没有能力）在这里回答了。唯一的建议是，买一打价钱中等的好鸡蛋，尝试，尝试，再尝试。是太生是太熟，如何恰到好处，归根结底得自己试出自己的标准。

辣手奇兵

一如许多人冬天吃火锅的时候尽花心思去调出混出自家的一碗口味合适的酱，什么肉呀菜呀其实都变成了“配料”，夏天吃凉拌沙拉的时候，那用以提带出新鲜蔬菜的清甜爽脆的各式调酱，也扮演着一个极其重要的角色。毕竟大家不是吃草类动物，还是需要那么一点酸一点辣一点咸来提味，一对比，神髓就来了。

吃过不是由恺撒大帝发明的恺撒沙拉，大家都会明白认识到那一盘平凡无奇的生菜就是因为有了橄榄油、蛋黄、芥辣、干乳酪、烟肉碎、油浸鳀鱼、面包粒、黑胡椒、细海盐等等众多材料混拌成的酱，才会惊为天人。如果你懒，又说时间有限又说吃得健康清淡一些，至少你应该抽出一些重要元素支撑吃大局。上等的初榨橄榄油是不能缺的，吃的就是那鲜洌带点独特的涩辣原味，再加上那支只此一家的英国 Colman's 芥末酱，一呛就到位。若嫌油浸的鳀鱼太咸，我建议用上日本料理中用来下酒前菜的渍物生鱿鱼，取其一样精彩的海洋鲜味，而且腌渍的过程下了青葵芥末和料酒，代表另一种辛辣传统，东西两大门派奇兵突出相互辉映，小小一盘沙拉就有了灵魂。

材料（两人份）

·鸡蛋	三个
·沙拉生菜	一棵
·芝麻菜	适量
·英国芥末酱	适量
·橄榄油	四匙
·日本腌渍生鱿鱼（日系超市有售）	适量
·黑胡椒	少许

1	2	3	4
5	6	7	8
9	10	11	12

按部就班

1. 先将生菜洗净，用厨纸拭水并以手撕好置盘中（两分半钟）
2. 芝麻菜洗净，拭水置盘中（两分钟）
3. 冷水将蛋下锅，盖上盖煮四分钟（四分钟）

4&5. 同时将橄榄油和芥末置于小碗中（一分钟）

6. 将芥末与油仔细拌匀（两分钟）
7. 将芥末橄榄油浇到沙拉生菜上（一分钟）
8. 鸡蛋煮好后马上以自来水冲浸（一分钟）

9&10. 轻敲蛋壳，剥好后剖成两半（一分半钟）

11. 将鸡蛋置于盘中，放上腌渍生鱿鱼（半分钟）
12. 最后把现磨黑胡椒撒进，生鲜嫩滑清爽可口（半分钟）

冷热小知识

若嫌腌渍生鱿鱼太鲜腥，也可用上油浸鳀鱼（anchovies），为了让鱼肉更柔软、更清爽，可用冰牛奶浸泡鳀鱼二十分钟，然后沥干牛奶，以冷水冲洗便可。

一酱功成

不理前因，不计后果，由将变酱，既然已经豁出去，又捣又切又调又搅又混，一酱功成，管它是否大吉利还是万骨枯——其实也想过别的命题：兵来“酱”挡？帝王“酱”相？大“酱”之疯？玩字也许是种过时的游戏，但偶尔乐此不疲也未为过错。更何况，自家制酱往往是烹调中最有创意最有意外惊喜的一步。初入门者亦不妨参考不同国族地区的混酱方法，一旦尝试成功更被周遭赞赏，因此一发不可收拾地混“酱”下去。

一如在北京老铺涮羊肉，要跑出去领一个碗，然后自家把什么麻油辣油蒜汁料酒南乳酱韭菜花酱虾油砂糖等等各取所需自由调配，意大利的家常料理中也有红的番茄酱、肉酱，黄的蛋汁乳酪烟肉酱，白的乳酪双拼三四拼，更有绿的罗勒松子仁酱（pesto Genovese）。

从米兰坐三个小时左右火车就到海港城市热那亚（Genova），当地传统食谱中以市名命名的一种酱料，就是用上幼嫩的罗勒叶加上松子仁、蒜头、粗盐、橄榄油研磨混成，亦有放进适量帕马森干乳酪丝的版本。有人图方便，会把一切材料放进搅拌机中打混得细滑，但我却喜爱亲手研磨的粗糙感觉。如果你怕吃了生蒜头会口气大，也可暂且跳过不用，但从烘香松子仁到用臼舂捣碎然后切碎罗勒叶到撒入盐拌进橄榄油，每一步都有浓重鲜冽叫人蠢蠢欲试的强烈诱惑。一酱功成，其实用来拌意大利螺旋面（fusilli），马铃薯疙瘩（gnocchi）甚至放在蔬菜汤（minestrone）中，都很匹配。这回在市场走了一圈，随手买了一堆有机蔬菜，又见已经处理好的带子新鲜肥美，正好轻重拿捏到位。如此类推，pesto 好酱用来炒饭用来涂烤面包都当之无愧。

人间仙果

正如自小就团团转然后赶紧找个位置坐好的音乐椅游戏，社会中的你我他还是主动或者被动地分成 ×× 第一代第二代第三代，“六〇后”“七〇后”“八〇后”，更有政坛上的第几第几梯队，连球鞋也出到第十一二代。

平日脾气好形势 OK 的话还算一团和气地讲讲承传，一旦风声紧且有利益冲突，就赶忙划清界限，埋怨上一代的保守因循、揶揄新一代的慵懒脱轨，吵吵闹闹却都是意气之争。如果可以冷静下来想一想，没有前辈的开天辟地，没有后来者继承接班，岂不都在原地踏步自我消耗？所以枉作中间人的就会在这个时候跳出来，喂喂喂，男女老幼一起坐下来吃点什么再启动上路。

吃的当然是含有大量不饱和有益脂肪，可以增强热量补充体力兼且润泽肌肤的松子仁。古时道家修仙，隐居深山老林，不食人间烟火，却在松林里收集大量松子仁，常食就能轻身延寿，视之为仙果。所谓轻身，皆因松果能治风寒湿痹，吃了自然手脚轻健，至于延寿，如果镜中的自己皮光肉滑，自觉神清气爽，平日能睡能吃，自然也多活几年，管他什么第一代第二代第三代的无端争执了。

材料（两人份）

·罗勒叶	一束
·松子仁	约六十粒
·初榨橄榄油	四大匙
·蒜头	两瓣
·意大利青瓜（西葫芦）	一条
·幼嫩青芦笋	十五条
·串茄	八粒
·芝麻菜	少许
·鲜带子	六只

1	2	3	4
5	6	7	8
9	10		

按部就班

1. 先烧热锅烤香松子仁，提防烤焦（一分钟）
2. 捣碎烤好的松子仁（一分钟）
3. 将罗勒叶洗净并切碎（一分半钟）
4. 将罗勒叶、碎松子仁、海盐加上橄榄油拌匀（一分钟）
   喜欢生蒜头的亦可加入蒜蓉
5. 意大利青瓜洗净去皮切条（一分半钟）
6. 青芦笋洗净切去根段，放进烧热的坑纹锅中，以少许橄榄油烤热，然后放进铺好洗净的芝麻菜的碟中（两分半钟）
7. 意大利青瓜及串茄同放在锅上烤熟（两分半钟）
8. 带子烤好并撒上现磨黑胡椒及海盐（一分半钟）
9. 将所有材料置于碟上（半分钟）
10. 浇上适量罗勒松子 pesto 酱，画龙点睛马上开餐（半分钟）

冷热小知识

松子含丰富蛋白质、不饱和脂肪酸、磷、铁、钙及多种维生素，所以从来就有“长生果”的美誉。有活络气血、润泽皮肤、预防便秘等功能。只是松子油分含量高，容易受潮泛油，所以每次最好购买小分量，同时洗净沥干，以小火炒至微焦放凉再用。

浓重登场

天气越冷越想吃冰，人越火暴越想吃辣，所以不要怪我在这炎夏即将来临之际，在应该越来越计较薄薄 T 恤包裹着的那一团腰腹脂肪的“不雅”长相的时候，心血来潮地要做一道重量级意大利美味：奶油乳酪酱汁 gnocchi 面团。那看来只该在冬日里有如吃乳酪火锅一般的玩意儿，一旦惦念起那种金黄香气，那种饱满富足，就不用管他四季寒暑，以吃到一嘴一唇都沾满酱汁为终极目的。

千变万化的意大利面食中， gnocchi 是自有独立性格的一员。不以条状、片状、卷状、筒状出现，它就是那么一粒一粒如放大了的蚕茧状。最早期只是由粗麦面粉加水混成面团捏出，后来开始有混进马铃薯的流行普及版马铃薯面团（gnocchi di patate），也有混入南瓜蓉、大米粉或者粟米粉的版本，都有各自色香味。

相对于那同样胀鼓鼓的内有乾坤的意大利云吞（ravioli），gnocchi 以无馅的返璞归真姿态出现，吃下去软软滑滑温温柔柔的，重点就在给它准备一些什么酱汁，好让这些现成盒装的，下锅两分钟然后浮起的小家伙，可以在香浓的乳酪酱汁中来一个浸浴，沾上一身光彩，然后再以乳酪粉和芫荽蓉来提味。而最后叫大家嗅觉味觉为之一振的，就是那又刮又削才成事的柠檬外皮，这得花点力气才弄到一点点的清香细小的材料，完全发挥了平衡大局的重要作用。所谓轻重拿捏的大道理，也就是从厨中的实践开始领悟。

难得细致

柑橘类家族兄弟姐妹众多，从柚子到橙柑橘还有柠檬，起码可以编成顺口溜难倒伶牙俐齿的你。而这些橙黄橘绿的果实应用在厨房和餐桌上，也实在是千变万化。果肉固然可以用在凉拌前菜和饭后糕点与饮品中，但果皮和果汁作为调味，无论是现磨的果皮细屑放进豉油里混进辣椒里，或者是几滴果汁放进热汤里洒在日式天妇罗和各式唐扬炸物上，甚至挖走果肉后用果壳做小碗盛载美食，都发放绝佳香气，引发大家对天时地利的想象和眷恋。

色香味，有人处理得粗枝大叶，但日本人却有其一贯的细致。家里一个用了多年的削果皮器，也是日系嫡传，这些厨房的廉宜小工具是日本人的强项，不甚起眼，然而应用起来，却最能唤醒知觉感动人心，也难怪日本人主理的法国菜和意大利菜，除了尽得异国情调精华，也吃得出特有的一份对饮食的坚持执着。这回在家里用上意大利的 gnocchi，英国的车打乳酪，加州的柠檬以及日本小道具，也算是一种自然而然国际交流融合（fusion）大会吧。

材料（两人份）

·盒装 gnocchi di patate	一盒
·车打奶酪（cheddar）	一百克
·鲜奶油	一百毫升
·帕马森干乳酪粉	适量
·蒜头	三粒
·柠檬	两个
·意大利芫荽	一束
·红辣椒	一个

1	2	3	4
5	6	7	8
9	10	11	

按部就班

1. 先将两个柠檬洗净，外皮用刨刀削出备用（两分半钟）
2. 意大利芫荽洗净切极碎（两分钟）
3. 车打乳酪切碎（一分半钟）
4. 蒜头切片并以少许橄榄油起锅炒香（两分钟）
5. 转小火将鲜奶油徐徐注入（一分钟）
6. 将车打乳酪放入锅中熔化（半分钟）
7. 放进切细的红辣椒，以锅铲拌匀乳酪酱汁（一分钟）
8. 烧热开水，将 gnocchi 放入煮至浮起（两分钟）
9. 将煮好的 gnocchi 捞出放进酱汁中拌匀（一分钟）
10. 沾满酱汁的 gnocchi 可以上碟（半分钟）
11. 逐一撒上干奶酪粉、芫荽蓉和柠檬外皮，浓重 vs 清香，一尝无法停口（一分钟）

冷热小知识

乳酪，尤其是软质乳酪，切开后很容易走味变坏。若食用不完需要存放，最简单的方法是冷藏。但保存乳酪的最佳温度是十二摄氏度至十五摄氏度的潮湿环境，让乳酪继续熟成，既不是冰箱温度又不是室温湿度。所以真的要入冰箱，也不要以塑料薄膜紧密包裹，以防其他细菌生长，应独立放入玻璃或陶瓷器皿盖好为宜。

黄金盛世

身为堂堂正正的中国人，当然一口咬定中国菜是天下间一等一的美食。只不过也跟大多数同胞一样，如此这般的美味就得交由专业大厨处理。此所谓各展所长各有分工，我们这些手艺次两三级的，煎一个荷包蛋拌豉油熟油吃一碗饭还算可以，能够炒一碟青菜已经算了不起。至于咕噜肉霸王鸭杏汁猪肺汤以至虾饺烧卖叉烧包之类，还是得乖乖献上赎金，赎一赎贪吃懒学懒做的罪。

至于日常饮食，除了在习惯指定地点吃到大江南北八大菜系自家心水精选，要真正动手的话，倒是胆大妄为的随心随意无国籍料理——虽说是无国籍，但每个人总有其偏好，以我为例，就认定前世应该是意大利人，拥抱所有来自意大利的美味，而意大利人对于家乡美食的维护，其固执坚持，比我们对一碗云吞面一杯丝袜奶茶的严格要求，有过之而无不及。同样对家里妈妈烹调的家常菜的依赖，是两个民族的最大的共同点。

每年四月候鸟一般以参观米兰国际家具展为借口，其实真正目的是到米兰以及意大利东南西北各城各镇饱尝当地传统美食。除了那无懈可击的口味千变万化的意大利面、烩饭和薄饼，其中一种重量级饱肚美味，就是北方维纳多省的玉米粥粉（polenta），这些由原粒玉米用石臼磨成细粉，经过蒸煮及脱水过程，成为金黄结晶的细小粉末，回家放进烧开了的牛奶甚至是开水中，锅中搅拌十分钟左右便成热腾腾的粥。玉米的清甜和黏稠的口感，配上必备的戈尔根朱勒干酪（Gorgonzola）或者Montagio乳酪，也可在煮粥的时候加入干香菇（porchini）以至芦笋或者芝麻菜，简直是第一代即食典范！有一回在威尼斯一家小餐馆竟然吃到撒上炸得焦香酥脆的虾米的玉米粥，说不定是哪位中国同胞还是东南亚老饕的创意，叫人对玉米粥的可塑性又跨越了一大步！

地狱天堂

每年的四月是我的高危放纵期，因为要事先准备打点好长达大半个月出门远行前必须完成的工作，从三月下旬开始，一定已经是手忙脚乱天昏地暗。——人越忙嘴就越馋，就是不顾后果地把巧克力呀薯片呀坚果干果类零食放进口，以舒缓工作紧张脑力疲劳，结果显而易见，未出门腰围已经先有薄薄车胎。更何况出门后身处美食天堂意大利，简直就是无保留地开怀大啖。每天东奔西跑地从这个展场到那个摊位，由城南走到城北，还拖拉着沉甸甸一大箱收集到的各大品牌的产品宣传资料，腰酸膊痛累得半死，更没有余暇去进行正常运动，体形突变体重暴升是理所当然也是心甘情愿的。

所以每年的五月就是我的地狱刻苦期，为了要让身心回复平常正常状态加倍地运动，刻意地减餐减量，目的是让自己的体内脂肪贮存回到一个可接受的标准。也就是说，我得与一向爱吃的裹上糖衣的酥脆的核桃仁、松子、开心果、杏仁、腰果、榛子等等干果类食品保持距离。但由于忍不住口也为免日久潮湿变坏，赶工时剩下的这里一小包那里一小罐干果，就得变身出现在平日的饮食中，撒上一点提提味——所谓地狱刻苦，也是某一种天堂生活。

材料（两人份）

·玉米粥粉	五大匙
·牛奶	一杯
·意大利戈尔根朱勒干酪	一块
·糖核桃仁	适量
·洋芫荽	一小束
·初榨橄榄油	适量

1	2	3	4
5	6	7	8
9	10		

按部就班

1. 先将糖核桃仁舂碎成细粒备用（一分半钟）
2. 将洋芫荽洗净切细（一分半钟）
3. 将戈尔根朱勒干酪半块先弄碎成小块（一分钟）
4. 以中火先将牛奶加热（两分钟）
5. 牛奶烧开后放进玉米粥粉，随即搅拌（半分钟）
6. 一边搅拌一边放入余下半块戈尔根朱勒干酪（半分钟）
7. 将玉米粥粉搅拌成黏稠糊状，若觉太结实可再适量加入热开水（八分钟）
8. 将煮好的玉米粥置于碟中（半分钟）
9. 将舂碎的糖核桃仁和弄碎的奶酪撒于玉米粥上（半分钟）
10. 把切碎的洋芫荽撒下，并浇上橄榄油，重量级意大利乡村美味马上亲尝

冷热小知识

通称洋芫荽的 parsley 有卷叶和平叶两种。卷叶的多用作装饰，平叶的味道较强，多用来烹调，但其实与芫荽（香菜，corriader）是不同的植物。说来香菜的味道实在比 parsley 强烈得多。

得意忘形

车窗外飞快往后退去的景物过不了几分钟又在面前重复出现：橄榄树、葡萄园、稻田、房屋、电线杆、广告招牌、远山、近水，都一样其实又都不一样。

事隔几天，面前的米兰、威尼斯、佛罗伦萨、那不勒斯、罗马换成了南京、无锡、苏州、杭州、上海——火车接驳巴士转乘小汽车，还有好些路段得靠步行。上上落落兜兜转转为的是只在书上看过的某个国家的某处景色，某一道拍摄得叫人恨不得马上吃光的地道好滋味。

我们出门上路，各有各的目的：实用的、关键的、消闲的、随便的。我们沿途看到听到触到吃到的，零零碎碎断断续续，都成为我们日常的经验，融进我们日后的记忆。特别对吃这一回事敏感重视的，在外头哪里吃过好吃的，都有能力回到家里自行烹调制作，也更可能是把这里那里的各种不同菜系不同口味，自然不过地混成一体——来自澳大利亚的绝无生长激素添加的鸡翅，来自英国的结实饱满的红皮小洋葱，来自佛罗里达的新奇士柠檬，来自北京的鸡蛋，还有那一点点来自法国的无盐牛油。——这些来自五湖四海的食材，简单也好复杂也好，不离煎炒煮炸炖几种方法，大胆灵活地成为我们的家常口味。人在路上这里那里吃过人家的传统地道原汁原味，来到我们手中再演绎就是得意忘形的生命再来一遍（take two）了。

开心流泪

一大群人满山走，从这个风景里走到那个风景中，尽吸天地灵光，但到了吃饭时间，还是会肚饿，还是不能不食人间烟火，而且越吃越刁钻——就像这回一大伙人在意大利拍摄旅游纪录片，几天来吃尽大餐厅小馆子，从南到北各种家乡特色美味都尝过了，到最后几天竟然有人建议，不如放弃那些预先订好的星级酒店，搬到那些有附设自助厨房的旅馆，实行一日三餐 DIY，在菜市场买菜买肉买面买米买乳酪买香料，进一步走进当地生活——对这个建议我当然义无反顾举手赞成。因为从前做背包客的学生时代，就是这样从一个地方到另一个地方，从一家青年旅舍到另一家青年旅舍的。既然我们就是这样长大的，也不会抗拒重温这一段美好，只不过话说回来，望望四周那些笑脸，就知道大家打算饭来张口，把那买菜煮饭的重任都完全交托给我。——这固然是我的光荣我的任务，但我也有责任让大家都一起享受 DIY 入厨之乐。

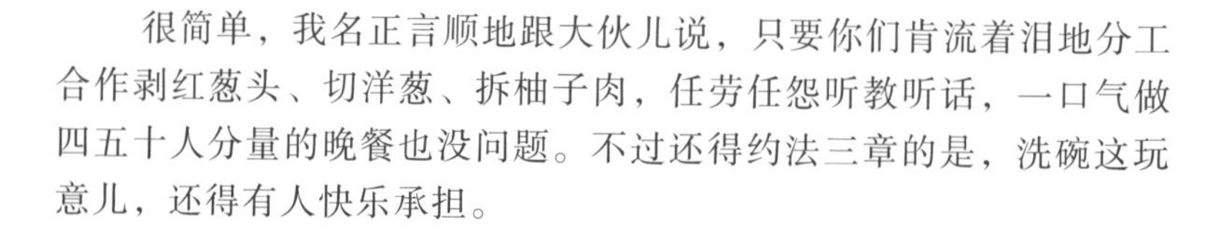

很简单，我名正言顺地跟大伙儿说，只要你们肯流着泪地分工合作剥红葱头、切洋葱、拆柚子肉，任劳任怨听教听话，一口气做四五十人分量的晚餐也没问题。不过还得约法三章的是，洗碗这玩意儿，还得有人快乐承担。

材料（两人份）

·鸡翅中	十二只
·红葱头	十二粒
·鸡蛋	一个
·生粉	少许
·柠檬	一个
·百里香（theme）	一束
·牛油	少许
·黑胡椒 / 海盐	适量

1	2	3	4
5	6	7	8
9	10	11	12

按部就班

1. 敲蛋取蛋白，拌进已清洗并拭干水的鸡翅上（半分钟）
2. 加少许生粉拌匀（半分钟）
3. 加入现磨黑胡椒（半分钟）
4. 再加入海盐调味稍腌（半分钟）
5. 红葱头去皮留原颗（两分钟）
6. 柠檬切片备用（半分钟）
7. 以橄榄油爆香红葱头及加入百里香叶（两分钟）
8. 将鸡翅放进一起炒拌（两分钟）
9. 放入适量温水以免烧干（半分钟）
10. 放入柠檬片继续煮（半分钟）
11. 关火起锅前放进少许牛油提香（半分钟）
12. 味鲜肉嫩说不出身份但一样受掌声鼓励

冷热小知识

香味浓郁、芬芳清凉的百里香，经常出现在普罗旺斯、意大利等地中海区域的料理中。百里香种类很多，其中柠檬百里香（lemon thyme）有香甜柑橘味，特别适合冲泡花草茶。

格格精彩

即使有人悬红奖赏一千几百万，也许没有人有这个本事准确查证这已经演化为香港街头小吃的“格仔饼”，究竟与源自比利时和荷兰的华夫饼（waffle）有什么亲戚血缘关系。在香港街头巷尾浪荡发迹的格仔饼，比远方的亲戚来得大来得厚也来得轻与松，混入较多的蛋液也更蛋香浓郁。模具纵横两条坑纹把圆形格仔饼一分为四，方便“分拆上市”，贩卖时抹上廉价人造牛油、花生酱以及炼乳，也有撒上砂糖和花生碎的版本，跟远亲出场时撒上糖霜，铺上手打鲜忌廉或者巧克力酱或者雪糕有点不一样。

自小在街头吃格仔饼长大的香港同胞，早就练就嘴馋为食的德性。当然也不会抗拒近年终于传入香港的来自比利时东部城市列日（Liege）的特色 waffle——比传统比利时 waffle要来得小巧结实，粉浆中最后加入的粗砂糖，使 waffle 烘好时多了一层焦糖的黏稠和香热，原味本已不俗亦可加上肉桂的口味，配上水果、忌廉和巧克力酱就更见精彩。

来自荷兰的荷式松饼（stroopwafels）就更跳出了热吃的规范，两片薄薄的格仔纹 waffle 在烘好时趁热浇进以糖浆、牛油、肉桂混好的“内涵”，两片 waffle 从此紧紧粘成一体，冷却后可以包装成饼干形式发售，俨如荷兰的传统甜食，自然也是送礼佳品。

短短十八分钟要你亲手做 waffle 恐怕有点难度，但至少可以自制自家口味的苹果酱铺在急冻过重新烘热的 waffle 上，装点以鲜忌廉和鲜果，甜品时间绝不失礼。

又香又甜

“我是一个大苹果，个个孩子都爱我，又香又甜又好吃……”如果对这首幼儿园儿歌有记忆，甚至可以朗朗上口，肯定就暴露了他或者她的年龄了。这些二十世纪六七十年代的“老儿歌”，究竟会不会成为幼儿园里的经典金曲，一唱就唱它三四五六代人呢？儿歌的确也可以反映时代的，“神七”上太空也该可以亦肯定已经谱曲。

苹果儿歌大抵不会成绝响，苹果更不止一日一个，吃不完的更可以做成果酱。——不要以为做果酱是天下难事，如果你不是打算做出可以行销天下而且保鲜赏味期可以有十年八年的货色，你大可以只花个八分钟就做出现吃的香甜版本——只要有两个苹果，一点牛油，一点砂糖，一点肉桂粉，还可以来一点现磨黑胡椒提提味，那可是成功率满足感极高的一项试验。一经尝试，你会愿意花更多时间去做更复杂更多样的拼合——橙、柠檬、柚子、梨、菠萝、奇异果、热情果……都在提供不同滋味不同稠滑不同质感。这个跟那个是否可以永结同心，没有硬碰过又怎知不可以软着陆。

又香又甜不是唯一标准，如果你就是喜欢那么一点酸一点苦一点辣一点涩，没有什么是不可以的。果酱本就是混在一起的东西，绝对开放包容。

材料（两人份）

·急冻 waffle	四块
·苹果	四个
·砂糖	四匙
·肉桂粉（cinnamon powder）	两匙
·牛油	适量
·鲜忌廉	四大匙
·现磨黑胡椒	适量
·草莓、蓝莓、红莓	适量

1	2	3	4
5	6	7	8
9	10		

按部就班

1. 先将苹果削皮去核，并置于盐水中备用（四分钟）
2. 将苹果切成小粒（两分钟）
3. 慢火以牛油起锅（一分钟）
4. 将苹果粒以中火炒至软身（两分钟）
5. 下肉桂粉拌匀（半分钟）
6. 再下砂糖拌炒至微微焦香（两分钟）
7. 同时将急冻 waffle 放入多士炉或烘箱中烘热（三分钟）
8. 将炒好之苹果酱铺于 waffle 上（一分钟）
9. 撒上少许黑胡椒提味（半分钟）
10. 将鲜忌廉铺于 waffle 上面，并以鲜果伴碟，格格更精彩

冷热小知识

奶油是鲜牛奶浓缩后的脂肪部分，口感柔软诱人。鲜奶油（single cream）和酸奶油（soured cream）的脂肪含量约为 18%，打发用鲜奶油（whipping cream）就是 34%，但高脂浓奶油（double cream）的 48% 及凝块奶油（clotted cream）的 55% 脂肪含量就有点吓人了。

夏日韩流

韩流滚滚，早午晚电视电影，清纯美少女柔情肌肉男或者四眼师奶杀手连番出击，连东洋偶像都给比下去了。我们作为观众的固然乐此不疲，恐怕最紧张兮兮的是那些分析流行文化走势的专家学者以至业界人士，追不上日本的同时又杀出韩国高手，自家国产的潮流文化以至创意产业该如何应对？

如果搬出“食的文化”这个大题目，中方恐怕还可以摆出一个老大哥的姿势，争先恐后地说，豆腐不也就是由中国传到韩国传到日本的吗？但作为馋嘴为食一众，味觉决定一切，管你什么历史渊源，认定的是当今强势和特色主打：泡菜、烤肉、辣味噌、石锅拌饭、人参鸡汤……也是铺天盖地的，色香味性格鲜明的，赢取人心。

少年时代迷电影，一不小心看了一部算是早期的韩国电影经典，名字和剧情都忘得七七八八，只记得从开场到散场，作为流浪乐师的男主角都是欲哭无泪的样子，苦情百分之二百，悲哀沉郁得叫人很不舒服。——那时的直觉反应是，难怪韩国食物在腌呀渍呀的同时还是那么火爆和轰烈，否则如何平衡民族性格里面的柔弱和儒厚？

下回找机会在韩国坐一下长途火车，据说车厢里一到用餐时间，大家都会拿出自家腌制的泡菜来分享比拼，还得去淳昌探访地道曲酱（韩国辣椒酱）的古法制作过程，到青鹤洞村里看身穿传统韩服的大叔炖煮补身的山羊肉汤，还得在专卖店买回现榨的上等麻油……

韩风劲吹，连带飘来的是泡菜的辣、烤肉的膻、柚子茶的香……先来呼应，来一道几乎即食的泡菜拌饭。

清凉滋味

炎夏时节，四周昏昏热热，叫人早晚心烦气躁，唯有动脑动手，引来愈吹愈猛的韩风，是否爱得要生要死不打紧，好吃最重要，只要吃得不太野蛮就好了。

说起韩国菜，你我一样，第一时间马上想到红红白白的泡菜。说起泡菜，又再细分为小黄瓜泡菜、白菜泡菜、萝卜泡菜、椰菜泡菜……差不多的口味，不同的纤维口感。

自家做泡菜其实不难，主要的问题是懒——懒得去做小鱼干高汤，懒得去准备蒜头、姜、葱、韭菜等配料，也懒得等，因为要泡就得泡足一个月、半年至一年不等。一般超市或者韩国杂货店中，现成的各式泡菜应有尽有，原汁原味，食用方便，所以自家做韩国泡菜只在书上、电视纪录片中看过，还未下定决心动手。

话说回来，第一身经验才是最重要的。平日吃过这么多的韩国菜，也到韩国旅行不下三五次，总得找机会再靠近这么有传统性格的韩国饮食文化。若怕泡菜太麻烦，我先由简易版的韩风拌菜开始——几乎是什么菜都可以这样拿来一拌，餐前小碟放满一桌的，也就是这些称作 namuru 的拌菜。

用酱油、麻油、料酒、糖、辣椒粉、蒜头末来调好的药念酱，是一切拌菜的基本调味，差点忘了芝麻，炒得香香脆脆，不要小看这神奇的芝麻，正如不要看轻绿豆。

常常觉得，即使没有什么烤肉、人参鸡汤、煎葱饼等主菜，就给我这些一碟一碟的拌菜和一碗白米饭，我就已经很高兴了，但高兴归高兴，贪吃如你我，总是不容易满足的。

材料（两人份）

·什锦沙拉青菜	一包
·韩式泡菜（大白菜）	一小盒
·韩式泡菜（萝卜条）	一小盒
·糖渍鱼干	一小盒
·即食紫菜	五片
·白米饭	三碗
·麻油	两汤匙
·韩式（辣椒）曲酱	一汤匙

1	2	3	4
5	6	7	8
9	10		

按部就班

1. 先将泡菜（大白菜）切细丝备用（一分钟）
2. 洗米下锅，将煮好的白米饭置碗中（懒一点买来一盒白米饭也 OK）（五分钟）
3. 先将切好的泡菜放在饭上面（半分钟）
4. 再将鱼干、萝卜条放进（一分钟）
5. 将韩式辣椒曲酱（大型超市和韩式杂货专卖店有售）拌进（半分钟）
6. 不要忘了麻油提味（半分钟）
7. 将所有材料和曲酱、米饭仔细拌匀（两分钟）
8. 将沙拉青菜洗净拭干水，放于盛碟中（两分钟）
9. 拌好的米饭置其上（一分钟）
10. 把紫菜撕碎放在饭上面，吃时再跟青菜一起翻拌——自制夏日韩风拌饭，清新简约版

冷热小知识

身边一众为食友人都钟情某牌子即食面，原来都是为了贪吃内附的那一包提味的麻油——其实麻油除了食用（帮助通便），亦可用作涂敷被烫伤的患处，既可消炎，又可隔离空气减少痛楚。

韩风继续吹

当你在新加坡的由军营改建的酒吧夜蒲热点吃到咖喱比萨（pizza），当你在曼谷的五星级酒店大堂咖啡厅吃到的泰式汉堡（burger）中的那一块肉嫩多汁的虾饼就像我们平日吃的泰式前菜炸虾饼放大加厚五六倍，当大家早年要远赴东京才吃到，现已在街口快餐店也有的以饭团压平代替面包成为米汉堡，我们早就接受了fusion，甚至不介意有点混乱（confusion），只要在合情合理合法的情况下，不合一般规矩不合常人逻辑又如何？

好久没有到韩国了，韩片韩剧倒是看了一些，韩国料理倒是不离不弃，特别是韩式凉拌生牛肉，那种又甜又爽又嫩又滑而且冰冻的感觉，比法式的生鲜混酱的鞑靼牛排（steak tartar），有过之而无不及。当然有过这样一段时间，韩国生牛肉受到临时限制不能进入香港，又因为某些韩国料理的厨房怕工序麻烦，索性就取消了这一道招牌菜，叫我在点菜时常常哎哎呀大叫失望。结果唯有加倍地吃泡菜，点双份的烤牛肉烤牛肋骨，以填补那轻微的失落。

最近有机会匆匆路过首尔，不到七十二小时忙这忙那，竟然也没机会好好地吃一顿炭火烧烤的薄切牛肉，晚餐时要点的凉拌生牛肉又竟然卖光，卖光！？也就算了，在街上就连抗议美国进口牛肉的十多万示威民众也碰不上一个，也就是叫我得找机会专程再来几趟吃个够。

回程路上已经心思思，下了飞机回家更特意绕路到超市马上买了澳洲薄切肥牛、韩国泡菜和辣椒曲酱，再来几条新鲜出炉的法式小面包，一心一意一点也没有受干扰（confuse），就是要在有限条件下又快又好地满足一下自己：凉拌生牛肉是没法自己做了，但泡菜炒牛肉做馅夹面包看来不会难倒大家吧！

大“酱”之风

吃石锅饭的时候，滋滋作响的锅里米饭上堆满了拌菜，放了鲜鸡蛋，五颜六色已经够兴奋的，不要忘了放一大匙曲酱。

曲酱也就是辣椒味噌，是韩国料理中不可或缺的调味料，跟我们的辣椒酱很不一样。

盛产曲酱的淳昌地区，仍然坚持用古法制作，先将豆类和米磨碎，手塑成块裹上曲霉晒干再阴干，是为曲。将曲以水溶解混进蒸煮过的米中，耐心拌入盐、酱油、麦芽糖、辣椒粉，不断搅拌至看不见米粒为止，然后放入瓶中等待发酵，发酵完成，便成自家风味的曲酱。对于韩国人来说，从小在家里吃的曲酱以及泡菜，绝对是维系家人感情的两大法门。

除了曲酱之外，韩国友人还给我介绍了一种很普遍的调味酱汁的制法，我们吃煎海鲜葱饼的时候，也就是会蘸这种“药念酱”。

用酱油五十毫升，调上两小匙麻油、一小匙辣椒粉、两小匙味醂、半小匙砂糖，拌好后再放进炒香的芝麻两大匙、蒜头泥一小匙、切细的葱花即成。这个酱也可随时用来做凉拌蔬菜、豆腐以及鸡肉，百分百韩风口味。

材料（两人份）

·薄切肥牛肉	一包
·韩式泡菜（大白菜）	一小盒
·韩式泡菜（萝卜）	一小盒
·韩国辣椒曲酱	一汤匙
·日式味醂（料酒）	两汤匙
·原糖	适量
·芝麻菜	适量
·法式小面包	三个

1	2	3	4
5	6	7	8
9	10	11	

按部就班

1. 先将法式小面包剖开备用（亦可再放入多士炉中加热）（一分钟）
2. 肥牛肉片置碗中，放进味醂（半分钟）
3. 再放入韩国辣椒曲酱（半分钟）
4. 将牛肉片与酱料拌匀（一分钟）
5. 再放入少量原糖提味（半分钟）
6. 将原块大白菜泡菜切成细条（两分钟）
7. 将调好味的牛肉下锅以大火快炒（一分钟）
8. 加入切好的泡菜（半分钟）
9. 牛肉片刚熟就可起锅，以保持嫩滑（半分钟）
10. 将萝卜泡菜拌入炒好的肉片中（一分钟）
11. 汁多肉嫩的泡菜牛肉做馅，夹入法式面包中， fusion 有正路（两分钟）

冷热小知识

当美国人在镜头前摆出笑容时会说“cheese”（奶酪），中国人会说“茄子”，韩国人就会说“kimchi”（泡菜）。泡菜的常用材料有大白菜、大蒜、洋葱、白萝卜，都经过天然发酵，具有抗氧化、抗癌、有益心脏的功能，绝对是营养健康食物。

头头是道

都说万事开头难，是因为怕，因为懒，因为无胆无勇无谋，最怕是因为无心，所以有很多好玩有趣的都只留给不怕、不懒、有胆有勇有谋有心的当事人去经历去享受，其他路人就连张望以及羡慕都没有份儿，你是当事人还是路人？

耳濡目染，人云亦云，这几年来大家都开始有意识把入厨烧菜做饭不再当作一件苦差事，渐渐当成是潮的型的甚至是性感的一回事。即使如此，坐在电视机面前看看别人的入厨苦乐倒是轻松自在，大多数人还是未够积极跨出一步，还未真正在厨中动手，舞刀弄叉的形式和内容都未成事，嘴馋为食无人不自认，但真正以实践检验真理的人还是极少数。

我这个完全没有受过烹调技术训练的，胆粗粗就无甚章法地开始了把东西南北食材左拼右砌的游戏，反正试试看无妨，自作自受，顶多吃坏两个助手。开始是开始了，玩个不亦乐乎之际就更觉每天都是新开始，每回都是头一次，也不得不认真地跟自己说，做的任何一道菜都像“头盘”——分量不多，看看手势，试试脾胃，且尽地无国籍无包袱，凭直觉练胆识，在有限时间有限空间里追寻一个八折九扣后依然 OK 的自创美味。传统的前菜、第一主菜、第二主菜以及甜品的界限都模糊了，一一都成了自我承担的头盘。这次把一个吃日式刺身的程序延伸阅读，变成意大利生牛肉（carpaccio）/生鱼片头盘的吃法。至于头头是不是道，此道此路行不行得通，就得先吃一口试试看。

不只酸姜

皮蛋夹酸姜，从来是粤菜中天经地义的前菜，当然酸姜要是腌得酸甜适中、吃来无渣的子姜——子姜又作紫姜，嫩嫩的尖芽带紫，腌起来连醋汁也变得粉紫粉红，该是天然色素。皮蛋也得是溏心的介乎固体与液体之间的暧昧，酸姜皮蛋结合入口，那种黏稠与利落、涩与酸、收与放的神奇对比，可真是精彩醒胃前奏，叫人对即将到来（yet to come）的更精彩美味更有期待。

然后一转台，吃刺身 A 与刺身 B、寿司 C 与寿司 D 之间会来几片姜，据说是清清口腔里的一种滋味，让味蕾更敏感更有知觉。同时另一种科学解释，就是鱼虾类寒性食物，生吃时必须加姜加醋，以助胃部祛寒。——天寒地冻的那一杯加了红糖的姜茶，喝来通体舒畅，风邪尽去，也就是这个作用。

所以调味这回事，背后的学问精彩有趣得很。走进传统老店如九龙酱园，尽眼望去瓶瓶罐罐桩桩件件都是故事的开始。

材料（两人份）

·三文鱼刺身	一份约十片
·洋芫荽	一束
·橙	半个
·柠檬	半个
·豉油	适量
·芝麻	适量
·酸子姜片（九龙酱园有售）	约二十片
·麻油	四汤匙

1	2	3	4
5	6	7	8
9	10		

按部就班

1. 先将芝麻放热锅中烘香，取出备用（两分钟）
2. 将酸子姜片切成细丝（一分钟）
3. 将洋芫荽洗净切碎（一分钟）
4. 将半个橙及半个柠檬榨汁（一分半钟）
5. 调进适量豉油（半分钟）
6. 将麻油放锅中加热至冒烟，关火取出备用（一分钟）
7. 将三文鱼刺身逐一排放于碟中（一分钟）
8. 把烧热的麻油淋在三文鱼刺身上（半分钟）
9. 将调好的柠檬汁橙汁豉油也淋上（半分钟）
10. 将酸子姜丝、芝麻以及洋芫荽先后撒进，似模似样头盘随时登场（两分钟）

冷热小知识

最基本的厨房安全卫生知识：家用砧板一定要有两个，一个用来切生鲜食物，一个用来切煮熟后要再切割的食物，以防细菌交叉感染，当然及时清洗更为重要。

冷面杀手

中国地大物博，多奇珍异宝，所以不要惊讶你身边的那位貌不惊人的老友，原来在紧急关头也会临时变身上阵，三两下手势用最简单食材做出一道吃得大家拍掌叫绝的美味！

这大概已经是七八年前的一个惊喜，但叫我一直铭记于心回味无穷，可见得有多惊有多喜。那个应该是那些每人要做一盘食物做“奉献”的圣诞或者除夕的晚上，大伙儿集合在某人的近三百平方米的大屋里一个近百平方米的厨房中，鸡手鸭脚地准备那应该讨人欢心应该可以吃的私房秘密。身边一位一度年轻俊俏但提早中年发福的家伙，拿出数包街坊版即食乌冬，一包冰块几份分明造假但又骗得人的蟹柳，加上一小胶盒蟹子（应该是真的吧），还有一支日本丘比（Kewpie）沙拉酱和一支青葵芥辣（wasabi），搅搅拌拌的就搅出一大盘红红白白的混酱冷面。分明高脂高糖高危，却受到嘴刁的在座一众疯狂拥戴，不消十五分钟就被吃得精光，大家从此对这位忽然大厨另眼相看，只是他似乎也是一招了，并没有把仅有的“天分”继续发扬光大益街坊。

念念不忘当日那粗拙直接的美味，但要偷师的话也必须升级，所以换来高贵一点的食材宠宠自己：从三文鱼刺身烟熏三文鱼相互辉映，到飞鱼子到芝麻菜，更用上手打新鲜乌冬，同一品牌的Kewpie沙拉酱也换上了海鲜鞑靼（Tartar）酱的品种试验一下，倒是步骤一样简单方便，冷面搅拌完成更在十分钟之后清碟离场！

赤裸天使

叫作天使，当然应该有翼，即使是坠落了，折了翼有点痛，但留得“翼根”在，也相信有天可以重新长出羽翼，再度在九天飞来飞去。但作为天使，其实是有点社会责任的，他来，是通风报信，是超级信使（messenger），是要把福音信息带给世人——比如哪里有最新开的食肆，哪个招牌菜最捻手，哪个厨房师傅最用心最有创意。为食一众因为收到天使报的料，受到感召，吃得愉快吃得好，饭气攻心自然少戾气，世界自然想当然的和平——天使不简单，实在任重而道远。

所以我很明白冰箱里那一支胶瓶装的 Kewpie 蛋黄酱为什么会用上那只赤裸裸小宝贝（baby）有翼天使做商标（logo），因为早餐吃的那一个水煮半熟鸡蛋只要加上轻轻一点蛋黄酱，马上成为人间美味，夸张想象一下马上会拍翼飞起。

早在一九二五年，在美国生活的 Kewpie 蛋黄酱的创办人中岛董一郎，看到当地人都比日本人身材高大体格强壮，三番五次地细探缘由之下，其中一个被中岛先生发现的原因就是美国人很喜欢吃蛋黄酱（mayonnaise），所以为了改善日本国民的体格和健康状况，（日本的实业家生意人都有这些超乎想象的远大目标理想！）他回国后便着手研究适合日本人口味的 mayonnaise。经过无数试验，出产了如今这种少酸多甜，蛋味奶油味浓郁的蛋黄酱，更用上了一个由插画家罗丝·欧尼尔（Rose O'Neil）原创的光脱脱的背上有小翅膀的天使 baby 做形象，一双大眼长满长长睫毛，十分有“鬼仔”感觉（feel）。这个永远的天使，也从此一直守护着日本国民健康，长久以来在食品市场上都稳占 No.1 位置。

除了早年从玻璃瓶装转成方便胶装之外，蛋黄酱还有 wasabi、海鲜 Tartar 以及低脂的选择，天使赤裸兼微辣微酸而且健康，难怪全胜！

材料（两人份）

·三文鱼刺身	五片
·烟三文鱼	四片
·新鲜飞鱼子或蟹子	适量
·芝麻菜	一束
·新鲜手打乌冬	一束
· Kewpie 沙拉酱（原味或海鲜 Tartar 版本）	适量
·日本青葵芥辣	少量
·冰块	一碟

1	2	3	4
5	6	7	8
9	10		

按部就班

1. 先将三文鱼刺身切成细条（一分钟）
2. 再将烟三文鱼切碎（一分钟）
3. 烧开水将手打新鲜乌冬煮熟（两分钟）
4. 把芝麻菜洗净，以厨纸拭水并切碎（两分半钟）
5. 将冰块置于碟中冰镇煮好的乌冬（两分钟）
6. 将芝麻菜置于大碗中，挤进沙拉酱和 wasabi（一分钟）
7. 并将两种三文鱼同置碗中（半分钟）
8. 将冰镇好的乌冬一并拌匀（一分钟）
9. 并将飞鱼子或蟹子撒入拌好（半分钟）
10. 真材实料高贵版冷面，大功告成

冷热小知识

传统的烟熏鱼，做法是以大量食盐腌渍后烟熏数个星期。木材燃烧产生的许多化学物质都有杀菌和抗氧化的特性，所以制成品可保存一年。如今都以少盐腌渍，烟熏时间也缩短在几小时内，所以保鲜保质期也大大缩短。

男人面家

如果没有村上春树，恐怕江湖中会少了几万个男人入厨煮意大利面。

《寻羊冒险记》里的“我”在老鼠父亲留下来的别墅里无聊透顶地继续等待，外面正在下雪，“我”竟然开始打扫房子，之后就开始煮意大利面，放了一大堆鳕鱼子和牛油来拌匀刚煮好的湿漉漉热腾腾的面条，更用上了白葡萄酒和豉油来调味，分明是和洋风料理合流的风格。——《舞、舞、舞》里的“我”在等五反田君回电话之际，拒绝了雪提出去兜风的邀约，做了一个最简单的以蒜头辣椒起锅爆香火腿的动作，然后才把煮好的意大利面放进去，起锅前才把切得极细的洋芫荽放进去。——至于《发条鸟年代记》第二部里，“我”的妻子不知所终，神秘女子加纳马耳他又打了电话来。“我”根本没有食欲，但却自觉要有个什么目标能让身体动一动，所以就开始炒蒜头和洋葱，放进切成小粒并滤去籽的番茄，自制拌进意大利面的番茄酱汁。

如果没有亲自下厨煮过意大利面，永远只能是个嘴馋贪吃但不到位而且不够酷的男人，所以在我发誓要脱离只是为即食面开罐头加菜的童稚时代，第一件事就是要钻研意大利面的又快又好的做法。碰巧为公为私在过去十八年来进出意大利三四十次，置身处地原汁原味，总算知道为什么这种那种面条的长短宽窄粗细要配那种这种的酱汁，什么才叫有嚼劲。

al dente，至于企图记住意大利面的变化多端的造型和名字，就几乎是个妄想——长面（spaghetti）、细丝面（cappellini）、扁长面（linguine）、针孔面（bucatini）、大宽面（tagliatelle）、笔尖面（penne）、蝴蝶面（farfalle）、贝壳面（conchiglie）、耳朵面（orecchiette）、螺旋面（fusilli）、卷筒面（maccheroni）、极宽面（pappardelle）、千层面（lasagna）、面饺（ravioli）、小面饺（tortellini）……

烧开一锅水，下面，撒一把盐，然后利用煮面的十分钟左右，把准备好的材料烹调成适量酱汁……每次煮意大利面都是训练自己掌握时间调度物资的实战机会。能否不多不少不快不慢准确拿捏，工多艺熟越战越勇，哪怕只是一人煮两人份，都得有个专业的野心和目标，男人，本该如此。

无国籍腐乳

支持本地原创，身体力行从厅堂走入厨房——如果一味强调原汁原味，意大利面当然就得配上意大利乳酪，诸如磨成粉末的超硬质帕马森乳酪（Parmigiano Reggiano），以羊乳做成的咸味较重的罗马羊奶酪（Pecorino Romano），或者半硬质的蓝纹乳酪（Gorgonzola），软质的温和的意大利果仁味羊奶乳酪（Fontina）或新鲜意大利乳清干酪（Ricotta）。如果我身处米兰或罗马或佛罗伦萨，更会忍不住嘴馋点一盘用三至四种不同的乳酪混酱配搭的意大利面，一次超额满足欲望。但我得告诉自己，我现在身处家中，冰箱里没有乳酪只有腐乳——如果说要用腐乳取代 Gorgonzola，有何不可（why not）？

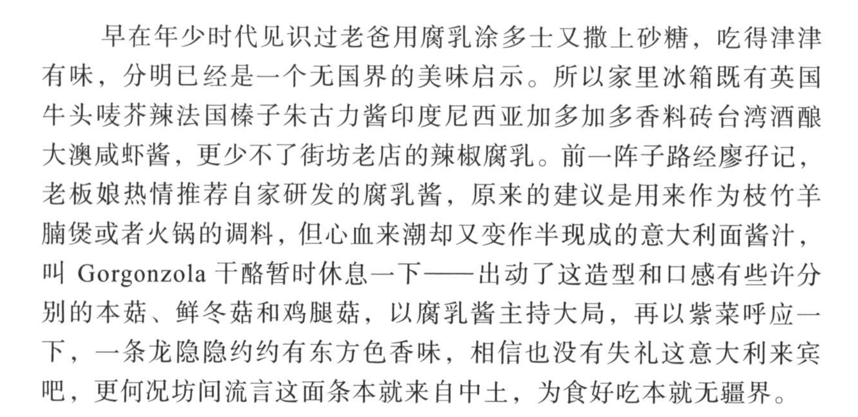

早在年少时代见识过老爸用腐乳涂多士又撒上砂糖，吃得津津有味，分明已经是一个无国界的美味启示。所以家里冰箱既有英国牛头唛芥辣法国榛子朱古力酱印度尼西亚加多加多香料砖台湾酒酿大澳咸虾酱，更少不了街坊老店的辣椒腐乳。前一阵子路经廖孖记，老板娘热情推荐自家研发的腐乳酱，原来的建议是用来作为枝竹羊腩煲或者火锅的调料，但心血来潮却又变作半现成的意大利面酱汁，叫 Gorgonzola 干酪暂时休息一下——出动了这造型和口感有些许分别的本菇、鲜冬菇和鸡腿菇，以腐乳酱主持大局，再以紫菜呼应一下，一条龙隐隐约约有东方色香味，相信也没有失礼这意大利来宾吧，更何况坊间流言这面条本就来自中土，为食好吃本就无疆界。

材料（两人份）

·意大利面	一束
·鲜冬菇	五个
·鸡腿菇	一个
·本菇	一份
·即食紫菜	两小包
·腐乳酱	四大匙
·橄榄油	适量

1	2	3	4
5	6	7	8
9	10		

按部就班

1. 先烧开一锅热水准备煮面，同时将即食紫菜拆封取出剪成长丝备用（两分钟）
2. 将本菇根部切走（二十秒）

3&4. 将鲜冬菇蒂部除去并切成细条（两分钟）

5. 将鸡腿菇切成长条（一分钟）
6. 将意大利面放进烧好开水的锅里，撒上一把盐，不用盖上锅盖（八分钟）
7. 同步切碎蒜头，以橄榄油起锅，炒软所有菇类（四分钟）
8. 材料炒好，放入腐乳酱拌匀（一分钟）
9. 将煮得有嚼劲（al dente）的意大利面放进锅中炒匀，放少量面水让酱汁稍稍湿润（两分钟）
10. 面条上碟后放进剪好的紫菜丝，增加风味口感（半分钟）

冷热小知识

蘑菇不能用水清洗，因为清洗时会吸入大量水分，变得潮湿易霉，所以要用上有细软长毛的蘑菇专用刷，除去藏在菌伞、菌柄和菌褶中的泥沙。贮存冷藏时亦不要放进塑料袋内，以免累积湿气，要以厨房纸巾包好再冷藏。

杂果咖喱

一日早午晚三餐吉野家，一日午晚宵夜三餐不同连锁的回转寿司和拉面，一日午晚两餐都是咖喱饭……我当然跟你一样，在日本，都有过这样的不必伤脑筋只用手指指点点的简直不劳而获的选择。

太方便，太好味，太懒。省下来的时间就无惧千辛万苦暴走大街小巷去找去看去不买也摸一摸那一双旧版复制球鞋一把绝版好椅一件限量 T 恤，左转右转走上走下，能量即将用尽之时面前总会出现一家 Coco 壹番屋。日本全国连锁几百家的咖喱专卖店，三十多种食材自行配搭：经典的炸猪扒、季节当令炸生蚝、长期热卖鱿鱼圈再自行选加茄子加菠菜加纳豆加半熟玉子，饭量由二百克到六百克任君决定，辣度由甘口到普通到一至十度随意。从繁忙的新宿闹市到悠闲的富士山中河口湖畔，我是壹番屋的日系咖喱的忠实拥趸，也就因为忠心耿耿，回到家里想念得很，也就决定“复刻”一番微调一下，在自家能力范围内把这咖喱碟头饭放肆发挥。

根据日本农林水产省一九九九年的一项统计，日本国民平均每年吃六十六次咖喱饭，也就是平均一周至少吃一次咖喱。除了在外用餐吃咖喱饭，家里自制咖喱的机会自然也不少。另有调查指出，日本学童最希望在饭桌上看到的食物就是妈妈做的咖喱饭。要我在家里像那些勤劳的日本母亲一样巧手炸出外皮酥脆内里嫩滑多汁的金黄猪扒，再浇上浓稠香辣的混有马铃薯和萝卜料的咖喱汁？简直是天方夜谭！要吃如此有技术难度的炸猪扒还得投靠专卖店，坚持自作业的话至少要拜师学艺一年半载。所以我最常在家里做的咖喱饭，也就是一个健康简易版，把冰箱和餐桌上日常就有的蔬果例如苹果、香蕉、红黄甜椒三扒两拨切成碎粒，加上提子干以及刻意买来凑热闹的切好的新鲜菠萝片，还有那未过期的酸奶酪（yoghurt），那作为灵魂主角的日产咖喱砖，配上热腾腾的白米饭，同样方便快捷，算是遥遥地对 Coco 壹番屋来一个最崇高的革命敬礼！

即食咖喱传奇

走进日系超市，不同牌子不同甘口辣口程度不同食材内容的咖喱砖咖喱汁包咖喱粉堆叠得琳琅满目，逐一细看肯定不止十八分钟。日本咖喱口味自成一派，当然更经过上上世纪近百年的累积演化。

一般人一提到咖喱都会先想到印度，但其实印度当地本就没有咖喱（curry）这个词。这个用上姜黄根粉末、豆蔻、丁香、肉桂和胡椒等香料，磨碎再煮成汤汁的原材料，在印度南部的泰米尔语中发音 karil / kari，十六世纪到印度经商的葡萄牙人把这称作 caril，后又被英国人取之变成 curry。据文献记载，英国第一任孟加拉总督华伦·赫斯狄格斯在一七七二年任职东印度公司时，携带大量调味料与印度米回国，同行并有一位印度厨师，恐怕就是英国本土人第一次吃到咖喱饭。而据日本文献记载，一八六五年幕府大臣三宅秀在赴法出访的船上看到印度人吃饭的样子，很有保留，六年后的一八七一年才有日本公费留学生在船上初尝咖喱。在一八六八年明治维新后，英国商船开始从横滨进港，带来的种种西方食物中，就有这种英式的印度咖喱饭。大正时代咖喱更成为日本军队中和牛肉一起用以增强体格的一种菜肴，战后当然也成为全国中小学校的午餐菜谱。

至于那一块一块方便使用的以面粉、咖喱粉和油脂混合制成的适合日本人口味的即食咖喱砖，也至少流行了半个世纪！

材料（两人份）

·丝苗米（或自选日本米）	一杯
·甜红椒	一个
·甜黄椒	一个
·苹果	一个
·香蕉	一根
·鲜菠萝粒	一盒
·提子干	十数粒
·日本咖喱砖	三小格
·有机纯味奶酪	一杯
·橄榄油	少许
·瓶装芝麻	少许

1	2	3	4
5	6	7	8

按部就班

1. 洗米煮饭。米先过水两次，放小锅中以清水浸过米表面约一厘米，以猛火先煮沸，后以中火煮，收干水后以小火再焖约五分钟（十五分钟）
2. 饭下锅后，同步将苹果去皮切粒（三分钟）
3. 甜椒洗净后去籽切粒（两分钟）
4. 香蕉去皮切粒（半分钟）

5&6. 菠萝粒取出，下锅，用橄榄油与其他材料一并炒热，再下咖喱砖调味（三分钟）

7. 材料与咖喱炒匀后，下奶酪拌匀（一分钟）
8. 起锅前放进提子干，将杂果咖喱配上热腾腾的白米饭，还可撒进少许芝麻，健康口感同时加分（两分钟）

冷热小知识

在“咖喱”的故乡印度本来没有“咖喱” curry 这个名词，香辛混合物在印度被称为 masalas，用黑胡椒、月桂叶、小豆蔻皮、丁香、肉桂、小茴香、芫荽籽等香料研磨成粉，加入洋葱、芥末籽、辣椒，以油炒香便成香辛基本味道。

一餐了断

无论如何前后左右怎么看，我都不是意志力坚强的那一类人。虽然我好胜逞强，在某些方面还是很坚持很固执，但要我长期坚守一些严苛的健康饮食规矩，又或者神经质地与眼花缭乱无所适从的营养资讯搏斗，就实在有点自讨苦吃受不了。

出于好奇八卦，倒还是愿意看看这些身体力行的料理专家和营养大师怎样过日子，如何安排他们的饮食，至少知己知彼，了解为什么腰缠的轮胎还是浮动变化始终挥之不去。

最近读到一位长期研究民间饮食疗法的日本营养学家幕内秀夫的作品，他通过对山梨县长者的饮食习惯的研究，重新审视日本传统饮食中对米饭、味噌汤、酱菜、野菜和海藻类食物的重视和坚持，对于近五十年日本政府推行的西化饮食习惯，以小麦、砂糖、油、肉类、乳制品等食材取代了传统食材，导致进食这类食物长大的现在已届中年的族群出现的都市病状和健康问题，很是忧心痛心。所以他除了以种种论据、调查研究直斥其非，还以身作则地实践倡导粗食养生的法则，希望越活越年轻，至少比他在同学聚会的场合中碰到的老态龙钟的同学看起来要年轻十来二十岁。

幕内先生首先针对的是自己年过五十，身体的新陈代谢能力已渐渐减弱，即使坚持少吃多餐，还是会变成卡路里摄取过量，所以为了实行首阶段消除赘肉的减量法，他一方面勤于运动，一方面实行一日一餐（？！），只吃晚餐的他最初也自觉这个做法太极端，身上带着黑糖以防止血糖值骤降时可做急用，但实践一段日子后，发觉竟然可以忍耐空腹到傍晚，成功地降低了卡路里摄取量，四个月减了十来斤，而且没有胖回去。一日一餐对我等嘴馋的家伙来说还真是有点匪夷所思，但也不禁叫我想想如果一天只可吃一餐，我会为自己准备什么？

圆满开场

如果一日只能吃一餐的话，我想我斤斤计较的就不只是什么时候吃和吃什么，更得计较用什么器皿来承载这珍贵的一餐。当然在什么地方吃和跟什么人一起吃，也得讲究注重起来。

就像每个人家里或者工作室里总有那么十来个杯子，你每天早午晚挑来放在身边的总有那一个是专用的，有时也不因为外貌特别漂亮，就只是因为拿上手有那么一点重量感，和大环境比较搭配，也就一直不离不弃。而家里厨房碗碟柜中又总有这好多的守门大将，这个意大利乡间白瓷碟最适合盛载 pasta，那个景德镇青花碗用来添饭，还有这沉甸甸的碗内描了花草图纹、碗外抹上一层枯竹绿的日系面碗，自然不过就是每次要吃汤面时的最佳选择。

吃罢那一碗热乎乎的咖喱稻庭面，满意地搓搓肚皮的时候，才自觉刚才这一餐勉强还算健康饮食，除了咖喱调味略为辛辣上火，整体的蔬菜纤维和营养质量还是挺够。而在洗碗的时候小心地擦冲洗，也越发珍惜喜爱这个多年前在日系百货公司大减价时用相对便宜的价钱买来的极品，先不要问碗内装载的是什么，光就着这空空如也的一个大碗，外边素净内里热闹，十分圆满地示范了日本生活美学的既平实又精彩之处。一个厉害的碗，往往就是一切美好想象的开始。

材料（两人份）

·日本咖喱砖	三小格
·海藻干	一包
·金针菇	一束
·鸡腿菇	一个
·红甜椒	半个
·黄甜椒	半个
·罐装椰汁	一小罐
·橄榄油	适量
·稻庭面	两束

1	2	3	4
5	6	7	8
9			

按部就班

1. 先将金针菇尾部切掉，冲水洗净备用（一分半钟）
2. 鸡腿菇洗净切小块（一分半钟）
3. 红黄甜椒剖开去核切条（三分钟）
4. 以橄榄油炒热菇类和甜椒（两分钟）
5. 同时另锅烧开水把面条下锅（一分钟）
6. 下椰浆及咖喱砖调味拌匀（一分钟）
7. 边煮边拌，收水至稠酱状（两分钟）
8. 将煮好的面条放碗中，浇上咖喱酱汁（一分钟）
9. 以小锅热水（或鸡清汤）泡开海藻成汤，注入碗中，热乎乎各就位，Go！（两分钟）

冷热小知识

说起乌冬这种以小麦为原料制造的面条，原来日本农业规格有严格规定，圆面直径要在一点七毫米以上才可叫作乌冬，以下的只能叫“凉面”或“细乌冬”。而著名的乌冬有香川的赞岐乌冬、秋田的稻庭乌冬、群马的水泽乌冬等。

一锅风

请容许我继续承传一下香港四大风俗之一，这个叫全港男女老幼乐此不疲的“食字”游戏，大字标题“一锅风”，总比之前想的“蚝一番”稍为好一点点。

其实是懒，又要懒得可人（cutie）懒得聪明（smart），此时此间百分之二三百商业氛围培养不出严肃文学家，搬不出掷地有声的文化修养（正面一点来说是没有包袱），所以就玩起移形换影甚至鬼影变幻的文字游戏，以博同桌一众饮食男女轻松一笑。

也就是因为懒，所以香港同胞一年四季也流行吃火锅打边炉，方便快捷简单利落，顶多花点心思去把平凡不过的食材来个主题配合，又或者搬出墨鱼嘴、牛胸尖、花雕猪脑、十八种爆浆墨鱼丸等等刁钻食材压压场。再来就是那无所不用其极的汤底，从芫荽皮蛋清汤到鱼虾蟹浓汤；从猪骨牛骨猪杂牛杂荟萃到安神清热保健食疗中药汤底，更有全球一体化大势新趋的冬阴功、巧克力、芝士奶酪、豆腐花、白粥、味噌等等汤底选择，无论如何，基本原则态度指导思想也是一锅熟。

懒者如我，很多时候连把面前一碟两碟又鱼又肉又丸又饺又菜先后放进锅里的耐性都没有，索性就先下手为强，把几种百搭的食材放到更百搭的味噌汤里，只是略施小计地突出主题，鸡是鸡，鸭是鸭，黑豚是黑豚，牛肉是牛肉，当然还有叫男人十分迷信的蚝——怕死怕事的当然避开重金属超标的货色，宁取比较安全的入口桶蚝——说到底也是因为方便。先后把津白、春菊、芋丝、豆腐、本菇等等食材排排放在沸腾的味噌锅里，整“桶”蚝就那么往锅里一放，三五分钟就上桌即食，饱暖满足干手净脚，自信心满泻再来自创求变，一锅成风，一锅比一锅精彩。

开心垫底

当你已经有不止一套的 Wedgewood 茶壶茶杯，可以在家里自行优雅地喝下午茶（high tea）；当你已经有各款日产 Global 名牌利刀可以过关割鱼宰羊切菜；当你已经有全套重得惊人的酷彩（Le creuset）橙色生铁锅，大锅小锅炖鸡炖猪脚，过足普罗旺斯法国乡下瘾，但一声开饭，为了要原锅端上那日式“蚝一番”，你急急忙忙搬出那一大本二〇〇八年黄页分类，轰一声放到桌中央。——我们也太清楚，这从来就是黄页分类的第一用途。

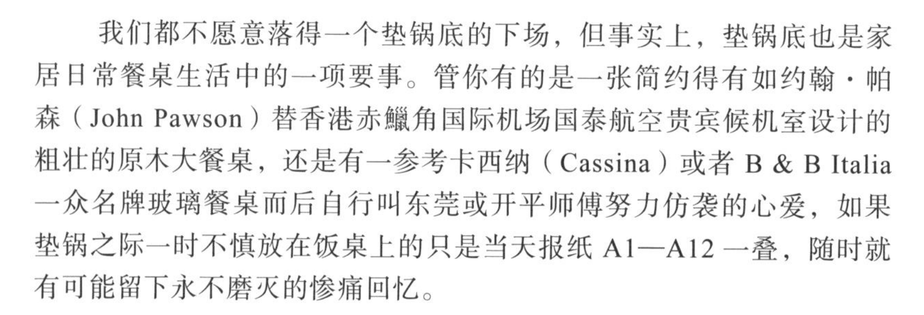

我们都不愿意落得一个垫锅底的下场，但事实上，垫锅底也是家居日常餐桌生活中的一项要事。管你有的是一张简约得有如约翰·帕森（John Pawson）替香港赤鱲角国际机场国泰航空贵宾候机室设计的粗壮的原木大餐桌，还是有一参考卡西纳（Cassina）或者 B & B Italia 一众名牌玻璃餐桌而后自行叫东莞或开平师傅努力仿袭的心爱，如果垫锅之际一时不慎放在饭桌上的只是当天报纸 A1—A12 一叠，随时就有可能留下永不磨灭的惨痛回忆。

某年新居入伙，长得像 bearbear 熊的老友送我一块台湾制造的铜合金的锅垫，刻成也是一只可爱的 bearbear 熊样。用了几回熊样因热变色变脸，不忍心再虐待狂与受虐狂（SM）下去。后来在巴黎的一次家用品展销会中碰上了意日合作的设计团队品牌 COVO，惊为天人的除了他们设计生产的杯盘碗碟茶壶，还有这长得竟像剪纸花一样的生铁镀漆锅垫，刚柔并重，端在手里沉甸甸的，绣红绣蓝颜色，又是一个放着已经很满足很好看也很实在的玩意儿。

黄页分类那么厚的一本，还是有作用的，可惜 COVO 这个品牌还未被引进香港，只能闯一下 covo.com 敲敲门。人生在世，开心甘心垫垫底，也很伟大，也无妨。

材料（两人份）

·桶蚝　一罐
·津白　半棵
·日本春菊　一把
·本菇　一束
·手工豆腐球　三个
·芋丝　一小包
·红辣椒　一个
·味噌　四匙

1	2	3	4
5	6	7	8
9	10		

按部就班

1. 先把津白冲洗后切段（一分半钟）
2. 再把春菊冲洗后切段（一分半钟）
3. 本菇切走根部，略冲水（一分钟）
4. 豆腐球切半（一分钟）
5. 用平底浅锅把适量沸水烧开，将味噌放进熔开成汤（两分钟）
6. 将津白先放进锅里（半分钟）
7. 再将春菊、本菇、豆腐球逐一放进锅里排好（一分钟）
8. 芋丝也是时候入场（半分钟）
9. 主角桶蚝也可徐徐滑进（半分钟）
10. 放入辣椒丝提提味，稍待肥美的生蚝转熟，嫩滑美味小心烫口（三分钟）

冷热小知识

日本味噌种类繁多，都是以黄豆为主原料，加上盐及不同的种曲发酵而成，米曲制成“米味噌”，麦曲制成“麦味噌”，豆曲制成“豆味噌”，其中以米味噌产量最多，比较著名的信州味噌和西京味噌都是不同的米味噌。味噌不耐久煮，以免香气流失，所以在煮汤时通常最后才加入。

和合作用

对，你没有看错，是和合作用，不是光合作用。

又或者，和合作用跟光合作用虽然不是同一回事，但过程同样都应该是浑然天成不着痕迹，把世间已有的元素巧妙结合，在日常生态环境里自然接轨，造福无数生命个体。

再说得清楚一点，前一阵子碰上两位在英国皇家艺术学院 Helen Hamlyn Center 做设计研究的朋友，她们近年的一个重点着力的项目就是把和合设计（inclusive design）这个设计概念和实践在设计群体和公众间推广。所谓 inclusive design，简单来说就是一些能够更包容更广泛适用于社会上这个族群的生活设计品。因此在 inclusive design 的过程中，经常会邀请残疾人士参与，因为他们在长期的被社会“主流”设计环境忽视的情况下，已经自力更生地成为创意十足的设计者、精明的用家和清晰准确的评论员。肢体和身体功能的疾障既形成了某些特定的设计要求，但最理想的设计用品就是能够同时适用于全人类，因为我们同样面对年龄、长期或短期疾病的困扰，所谓“正常”人其实也有种种的失能（disable），我们需要的是一个更没有歧视的更密切融合的更平等的共存环境。为了这个 inclusive design 的中文译名，我自告奋勇帮忙动脑，经过反复思量，脑海里逐渐成形的就是“和合”两个字。

关于和合的种种历史典故就不在这里啰唆了，轻松一点回到面前的餐桌上，吃西瓜的时候撒一点盐花，叫那甜美的层次更丰富升华，这也该是和合的一个角度一种体会。——这回用上的是羊奶乳酪，咸、软、膻、滑，享受（enjoy）！

嫩羊够膻

从来相信嘴馋好吃是与生俱来的本能，但真正爱吃懂吃就得需要学习需要训练。

还记得多年前我与同样好吃的弟弟第一次在家里吃榴梿。手执这散发浓烈“异味”的又软又黏的物体，由于好奇心驱使，几乎毫不犹豫地放进口里。我还好，还可以接受这难以形容的口感滋味，但弟弟却是反应强烈，一个箭步跑进厕所吐个不亦乐乎，还得反复刷牙漱口半个小时，几乎发誓从此不碰榴梿。但实际情况是，事隔三五日外婆又给我们买来榴梿，这回弟弟忍不住再挑战自我，一块又一块地吃下去，由一个极端到另一个极端，欲罢不能，外婆见势色不对，命令他赶快用榴梿壳盛开水喝几回，以去燥热。

同样的情况大抵也会发生在膻香软滑的羊奶乳酪身上。有人实在受不了它的羊膻味，有人不习惯那种半软不硬的质感，但于我这个羊痴来说，越膻越滑越新鲜越好，正所谓嗜好（acquired taste），坚持下去，就是美味！

材料（两人份）

·无籽西瓜	六百克
·西柚	半个
·柠檬	一个
·羊奶乳酪	一百克
·薄荷叶	一小束
·橄榄油	适量

1	2	3	4
5	6	7	8
9	10	11	12

按部就班

1. 先将柠檬洗净拭干，用刮刀削出柠檬屑，备用（两分钟）
2. 西瓜切块（一分半钟）
3. 再将西瓜切成小方块（两分钟）
4. 西柚剖半，挤出果汁（一分钟）
5. 柠檬剖半，挤出果汁（一分钟）
6. 将西柚果肉拆出放入果汁中（两分钟）
7. 将橄榄油倒入碗中，与果汁果肉拌匀（半分钟）
8. 薄荷叶洗净拭水并撕碎（一分半钟）
9. 将薄荷叶片置放于西瓜上（半分钟）
10. 用叉子将乳酪弄成小块，放进（一分半钟）
11. 浇上果汁橄榄油（半分钟）
12. 最后以柠檬屑撒放点缀提味，咸甜鲜香共融，发挥和合作用（半分钟）

冷热小知识

西瓜多水，水占西瓜重量的百分之九十二，体积大、热量少，所以是不少减肥人士的最佳饮食选择。我更关心的是西瓜为何从有籽变作“无籽”？

末日凉拌

还是那句说出来有点肉麻但却永不过时的老话，有些东西日常一年四季放在你面前你不懂珍惜，直到一朝忽然消失不再出现，你就后悔也来不及。——你总没想过简单如橙、西柚、柠檬、薄荷叶、开心果、蜜枣、蜜糖等等食材会从街市水果摊或者超市的货架上消失吧？如果真的有此一日，我的私家派对肯定会失色失味。

有人先天下之忧而忧，为了应付因全球变暖、战乱、虫害等可能引发植物物种变异消亡的灾难，斥资七千万港元兴建“末日种子库”。在北极圈斯瓦尔巴群岛的一座长年冰封、平均气温为零下十四摄氏度的山里，凿出一百二十米长的三岔形隧道，隧道尽头有三个面积共二百七十平方米的种子冷藏室。有如《L之终章》的细菌实验室一样，冷藏室设有气闸确保与外隔绝，厚达一米的钢筋混凝土墙可以抵御核弹攻击，更有装甲大门和感应警报系统的设置，防洪防地震，总之就是滴水不漏百毒不侵。

种子库目前已存放了全球各国寄存的大约二十五万个种子样本，锡纸袋包装，在库内以低温至零下十八摄氏度保存，在没有变化没有被破坏的情况下，种子可以存放二三十年至数百年。目前首批“入住”的种子都是全球各地人民主要粮食的植物种子，燕麦、大麦、水稻、番薯、玉米等等都首先入选，柑橘类植物、香草、坚果类也在其中。那么嘴馋为食的你我大抵可以稍稍安心，有了这个像诺亚方舟一样的计划，我们面前这一盘穷声色之美极视听之娱，叫主客眼前一亮呼声四起的十分有中东情调的开心果蜜枣薄荷叶鲜橙西柚凉拌，至少在我们有生之年还可以上台娱宾。我还可以继续在不同的场合把这个简单易学，成功机会百分之百的菜谱传给我的学生和老友——当然我也是绝对鼓励创意实践的，因地制宜再加进台湾甜橙、西班牙血橙、广东新会蜜柑、泰国柚子都未尝不可，只要不是基因改造，这样的变种无任欢迎。

传家宝

当然你可以巨细无遗地抄下写下撕下心爱食谱，深信日后可以有样学样一定成功，但很多时候亲眼看一次示范亲手做一次，个人多番演绎后就成了你自己的拿手好戏家传秘技。

老祖宗很多精彩的东西其实就看我们如何一代一代地传承演化，无论是食谱也好食器餐具厨具也好，未受时代淘汰留下来的都有其珍贵价值，哪怕只是民间便宜货色又或者见惯大场面的高贵版本，在我们手中都可以应用都不妨变化。

从来对中国的青花瓷器有深厚感情，特别是北方陕西乡下的那些拙朴笨重的青花大碗最得我心，可是这些土土的玩意儿早就被一般民众摒弃，摇身一变却成了外销的珍品。我和身边朋友收藏应用的青花大碗竟都在伦敦 Liberty 百货商店家品部才买得到，也真的佩服他们的买手的高超能力。

中国青花瓷器早就风行国外，那一队又一队的商船早在几百年前就从广东口岸出发，把陆路运来的江西景德镇陶瓷漂洋过海。而中国青花瓷器的制作方法和装饰纹样也被吸收仿效，面前的英国名瓷作坊 Wedgewood 就一直推出不少东方情调的杯盘碗碟。近年的精品是一套由贾斯珀・康兰（Jasper Conran）设计的花鸟纹样的餐具，用上一个十分讨好的墨绿色，也算是对传统中国青花的一种遥遥致敬。

材料（两人份）

·鲜橙	两个
·西柚	一个
·柠檬	半个
·鲜薄荷叶	一束
·开心果	三十粒
·去核蜜枣（dates）	八粒
·橙花蜜糖	五大匙

1	2	3	4
5	6	7	8
9	10		

按部就班

1. 先将开心果去壳取仁备用（三分钟）
2. 蜜枣切成小粒（一分钟）
3. 薄荷叶冲水洗净拭干，将叶片择出随意撕碎备用（两分钟）
4. 将西柚去皮切成厚片（一分钟）

5&6. 将鲜橙去皮切成厚片，并与西柚一道铺在碟上（三分钟）

7. 将薄荷叶铺在鲜橙和西柚片上（半分钟）
8. 将开心果及蜜枣随后撒上（半分钟）
9. 柠檬切半，将柠檬汁挤洒于果盘中（半分钟）
10. 浇进五大匙橙花蜜，可做前菜或者甜品的中东风味活现眼前，迫不及待入口（一分钟）

冷热小知识

开心果皮带苦涩味，常常破坏了果仁浓香细致的风味。要去皮的话可把剥后的开心果放进沸水氽烫，果皮随即变软，捞起趁热用拇指与食指捏住果皮拉除。

皇上驾到

经常被人问我最爱吃什么最不爱吃什么，说来要好好回答也有点难度，因为心情因为状态，因为环境因为身边一起的人，都会影响此时此刻对食物的喜好。既然一切情况都在变化组合中，要谈到“最爱”也真如歌词一般问一句：“答案可是绝对？”但换个角度说最不爱吃的或者最怕吃的倒比较简单容易，是昆虫！

虽然知道昆虫蛋白质丰富，也可能是（！）未来人类的主要食粮之一，但对这些造型结构越精巧细致越恐怖恶心的异类，对不起，我是无法包容的。所以那些油炸蚱蜢、桂花蝉、龙虱，甚至是蚕蛹，我都敬而远之。即使英谚有云早起的鸟儿有虫吃（Early bird eats the worm），但我这个早起的人却实在志不在此。我早起，首先是十分享受那众皆睡我独醒的阿 Q 自豪感，人家还在床上翻身再睡之际，我已经提早完成了半天的工作。而另一个享受就是有充裕的时间甩手甩脚做完早操之后来一顿丰盛的早餐。我是绝对信奉早餐该吃得像皇帝一样的那一派说法，更由于日间晚间免不了在外头用餐，很难避免吃了一些不该多吃甚至来源和做法都不明不白的东西，所以自己为自己准备的早餐就更显得重要，能够把一天所需的主要营养维生素和纤维都在早餐时吃个够，一天的操劳运作就更有保障。

所以各人根据自己的需要为自己安排早餐，我近年的选择是加了黑芝麻和亚麻子共煮的燕麦粥、番薯、西蓝花、奇异果、净蛋白，还得泡一壶茶，碰上周六周日，也可以放肆一下地把早餐午餐连作一道地早午餐（brunch）一下，面前的这一道中东风格的水煮蛋蒜蓉乳酪配鼠尾草牛油汁就更叫你我像一个阿拉伯油王！

波你的蛋

煎蛋炒蛋，水煮蛋全熟半生熟，炖蛋，滚水蛋都一一试过做过，原来还未正式依法水波蛋（poach egg）——那种把白醋加入烧开的热水中拌匀，敲开蛋壳，徐徐把蛋白蛋黄放下，让蛋白不致流散，包裹成形后让蛋黄在内保持溏心半液态——粤音硬译作“波蛋”，真的有点硬，高贵早餐时分吃，有烟肉有烤番茄伴两个波蛋配松饼，还得浇上蛋黄“荷兰”汁的班尼迪蛋（egg benedict）吃得多，也是由此领略用刀刺开抖颤的蛋白流出蛋黄的快感，却一直没有机会自制波蛋。

终于在翻阅中东食谱时翻出这一道波蛋与乳酪共吃的想来也叫人流口水的美味，而且十分适合又快又好的十八分钟原则，所以我就决定提前十八分钟，第一次尝试自行波蛋。

深知失败乃成功之母，所以早就准备了半打鸡蛋，果然依书指示第一回合还是让水太沸腾，蛋一下去蛋白四散。第二回合把火关小了，但蛋白还是久久未凝聚，恐怕是醋下得太少，一时情急智生上网求援，果然连人带片厨师真人示范波蛋展示（show），大师熟练手势当然不足三五秒可以练就，但起码有根有据有样学样，练到第三第四个波蛋的时候已经卖相不俗大有成功感。——一切由零由蛋开始，天大地大玩之不尽。

材料（两人份）

·鸡蛋	三个
·白醋	适量
·低脂无糖原味乳酪	一盒
·蒜头	三瓣
·牛油	适量
·鼠尾草	一小束
·干辣椒片	适量

1	2	3	4
5	6	7	8
9	10	11	12

按部就班

1. 用平底锅烧开水下适量白醋拌匀（两分半钟）
2. 把敲开的蛋徐徐放入水中（半分钟）
3. 用锅铲把蛋白推近蛋黄，帮助蛋白定形（一分钟）
4. 将已定形之蛋放冰水中静待片刻（一分半钟）
5. 轻轻把蛋捞起放在厨纸上拭水，备用（半分钟）
6. 把蒜粒去皮磨成蒜蓉（两分钟）
7. 混进乳酪中拌匀（一分钟）
8. 将鼠尾草叶片择出（一分钟）
9. 用中火将牛油熔化，把鼠尾草煎炸至脆身，备用。微焦的牛油汁也留用（两分钟）
10. 将乳酪转放碟中，放进波蛋（半分钟）
11. 撒上干辣椒片
12. 再浇上牛油汁，放上鼠尾草，中东风味的 brunch 主角厉害登场（半分钟）

冷热小知识

制作“波蛋”时叫人想起另一种蛋白生蛋黄熟的日系温泉蛋。有人发明可以放入微波炉的小盛器，先在器皿里放少量的水，再把鸡蛋戳一小孔放进盖好，然后一并放入微波炉用高火热二十秒，利用蛋黄与蛋白分别在七十摄氏度和八十摄氏度会凝固的原理，成功做出蛋白生蛋黄半熟的效果。

大漠颜色

常常有媒体朋友抛过来这样一个问题：到过世界上这好些地方，其实你最喜欢哪个地方哪个城市？

老实说这是最难回答的问题，就如人家问我最喜欢吃的是什么，都是足以叫我思前想后如何努力也说不出一个答案。因为以我这样容易“动情”（也就是滥情）的一个人，就算不是随便见异思迁起码也争取左拥右抱，最最喜爱的食物和地方怎可能只有一个？

小时候当然最向往那些国际都会如纽约如伦敦如东京，单单一头闯进各大博物馆艺术区和私人画廊就可以待上七十二小时，对于那些分布于这些都会大街小巷里的特色餐馆和经典食物，更是早早搜集好资料做好功课，学生时代即使明知吃不起，也刻意经过八卦一下，看看餐厅门面气派和出入的一众富贵馋嘴人。

但这些眼里只有国际都会的日子也很快褪色，由于从来钟爱意大利导演帕索里尼的电影，也得知他的好几部电影都在阿拉伯国家也门首都萨那取景，所以决意一定要找机会现场朝圣，结果一到场就被那泥板建筑群、沙漠景色和朴拙民风所深深震撼打动，牵引心情起伏重新思索种种关于生活关于创作的原则与态度，那种文化冲击之大，比对身处任何一个所谓国际都会都要强。在也门的短短两个星期，在沙漠的壮丽大环境中，吃的喝的当然也很不一样，肉类几乎都是羊，蔬菜欠奉却有茄子、蜜枣、鲜橙和柠檬，做法都相对简单，但却又凸显独特风味。自此之后，中东文化特别是饮食文化成为我所关注热爱的重点。面前这一盘无糖无盐吃得出麻酱、橄榄油和茄子原味的菜式，就一直成为我家小宴会的夸张前菜，远隔千山万水，企图营造的是那忘不了的铺天盖地的大漠颜色。

芝麻开门

常常捧出一段关于芝麻的“传说”来吓唬老外朋友，过年过节或者日常到粥面铺吃白粥炸两的时候碰上煎堆这个神奇圆形物体，我都会似是而非解释说这煎堆上面的芝麻是用人手逐粒逐粒粘上去的，原因无他，就是我们中国人口多，负担得起这样的手工劳动力。

老外朋友们都一脸惊讶半信半疑，我的恶作剧目的已经达到，有时也懒得再解释真相，可是这个谎话实在不敢在中亚中东族裔的朋友面前胡扯，因为他们的传统饮食特别是甜品制作中，都大量用上芝麻，煎的炸的炒的烘的，还会磨成芝麻油芝麻酱用法层出不穷，只是吃了这么多中东菜，暂时还未见到有百分之百相同的煎堆 A 货。

阿拉伯语中 Tahana 一词就是“研磨”的意思，所以芝麻酱直称 Tahini 也是有根有据的。坊间有来自土耳其和中东地区的无盐无糖添加的用有机芝麻磨成的芝麻酱的出现，相对于日系调味料里做和风沙拉或蘸烤肉的浓重调味芝麻酱，Tahini 的确是至清至纯的版本，用在烤茄子烤蔬菜瓜果这些地道前菜上确实有如芝麻开门一样神奇巧妙。

材料（两人份）

·有机茄子	两个
·洋芫荽	一小束
·小茴香（cumin seed）	一匙
·纯味芝麻酱（Tahini）	三匙
·蒜头	两球
·橄榄油	适量

1	2	3	4
5	6	7	8
9	10	11	12

按部就班

1. 先将小茴香研碎（一分钟）
2. 放入锅中用中火把小茴香烘香备用（两分钟）
3. 将蒜头去衣切片（三分钟）
4. 下锅用中火炸至金黄，取出备用（两分钟）
5. 洋芫荽洗净切碎备用（一分半钟）
6. 将茄子洗净切成薄片（两分钟）
7. 以橄榄油先把茄子表面涂抹一遍（一分钟）
8. 放进有坑纹的平底锅中以中猛火烤得茄子软熟并有纹理（四分钟）
9. 茄子烤好排放碟中，撒上蒜片（半分钟）
10. 再把小茴香也撒进（半分钟）
11. 浇上芝麻酱（半分钟）
12. 最后把洋芫荽撒上，面前成功出现的是个疑似沙漠的颜色（半分钟）

冷热小知识

茄子吸油能力极强，尤其是生茄片更像天然吸油纸，对付方法有二：一是先向茄片的松软构造施压，二是在茄片上抹点盐，让茄片细胞水分吸入间隙，都可降低吸油能力。

伴我同行

无论你面前的模特儿是脱得一丝不挂还是穿得层层叠叠五颜六色，当你提起笔或速写或精描，画呀画得如何神似——当中有七分像她像他，但总有三分是像你自己。

当我的中学美术老师多年前在美术教室里跟我言之凿凿地说这番话，我的确有少许震惊。然后一次又一次地以自己的画作和身边同学的画作来比拼，倒也真的所言有理。每个画中人眉宇间都露出了作者自身的本相，画来画去，原来是在做自我追寻自我肯定——你中有我我中有你，拼贴混杂都从一笔一画开始。

这也同样解释了面前的一盘又一盘菜，特别是唤作沙拉（salad）的凉拌，依照菜谱做来简单不过，但都欢迎大家各自发挥：多一点薄荷叶和芫荽添加一点青草气息，少一点红葱头减一点辛辣，小黄瓜先下盐腌一下再挤走水分令质地变得更爽脆。古斯米（couscous）小麦饭选择蒸的和煮的口感就是不一样……然后再把各种材料混合时自调分量比例，初榨橄榄油多放少放，混拌时手势快慢，都一一影响成品的质量和卖相。如果细心细看，从一盘菜的面貌风格中反映经手当事人的行事态度和做人原则，并非言重。

有说人如其食（you are what you eat），听来后果严重，但其实更明显的是你就是你所准备的（you are what you prepare）以及呈现的（present），清楚不过。想尽地一铺（或者一煲或者一锅熟）表现自己的话，厨房肯定是超级大舞台。

形细大好

翻江倒海找橱柜里用剩的 couscous 小麦粉，怎知先出现的是颜色同样金黄颗粒也差不多的玉米粉（polenta），最后在后排角落找到一小包遗忘日久的 couscous，赏味期限天哪已经过了三年，开封一闻自然不大对劲，本就细小的粉粒又不便冲洗，看来只得放弃。

这种蒸煮后变成软滑米饭一般的北非和阿拉伯地区的主食，其实是粗粒小麦粉（semolina）混合面粉后洒上盐水再搓成的细粒，现时大多用机器取代人手生产，还好仍保持那种细致形态和进食口感。市面出售的既有袋装朴素的原来颗粒，也有分别混入果仁葡萄干以及干蘑菇的版本，既可仿效中东地区原汁原味的用洋葱、胡萝卜、大葱等蔬菜和扁豆、白豆加入各种材料熬成浓汤，自行加入鸡肉、羊肉或牛肉等等材料同炖，以米饭伴食，又可简单一点地把 couscous 煮熟后待凉，以橄榄油拌好后混入种种新鲜蔬菜瓜果成为凉拌做前菜。在黑心食物当道的今时今日，这些原始质朴的健康食材重新成为注视焦点，实在是贴心也安心的好事。

材料（两人份）

·couscous 小麦粉	一盒
·红葱头	六颗
·小番茄	八颗
·小黄瓜	两条
·青葱	两棵
·柠檬	一个
·薄荷叶	一小束
·芫荽	一小束
·羊奶乳酪	八十克
·橄榄油	适量

1	2	3	4
5	6	7	8
9	10		

按部就班

1. 先将芫荽洗净摘取叶片备用（一分钟）
2. 薄荷叶洗净撕成小片（一分半钟）
3. 小黄瓜去皮切小块（一分半钟）
4. 红葱头去衣切碎（两分半钟）
5. 青葱洗净切成小段（一分半钟）
6. 烧开两小杯水，加进少许橄榄油，把小麦粉放进（半分钟）
7. 不断搅拌至小麦粉吸水膨胀，以筷子拌松，离火继续盖住（三分钟）
8. 用平底锅把小番茄以少量油烤至表皮微焦（两分钟）
9. 取出小麦粉置碗中，把所有材料拌进并挤上柠檬汁（两分钟）
10. 上碟后把羊奶乳酪捏成小块置于其上，自主健康凉拌够爽够快（一分钟）

冷热小知识

新鲜红葱头的辛辣和小黄瓜的草腥未必人人受得了，可分别切好后撒上盐或糖，稍腌十来分钟，再用清水冲洗并拭干，红葱头和小黄瓜都会变得爽脆而少了辛辣、草腥味。

继续混酱

人在北京，入住的小小旅馆虽然挂了个“设计师精品酒店”的名字，但严格要求起来要查找不足的话，还是会叫人啼笑皆非的。每个房间有不同主题不同装潢风格已经是个小小噩梦，更不要说手工的粗糙，浮夸却不到位的尴尬，最不能接受的是脏，这里那里从墙壁到地毡到桌椅到卫浴室，都像蒙上洗拭不去的尘土。——我还跟北京朋友笑说我从来幸福，未遇上过著名的沙尘暴，怎知沙尘暴早已入屋入房。旅馆太小也负担不起有自家餐厅，只有简陋的牌子说有早餐供应，当然每个早上也从未看见有客人在大堂的餐饮桌椅上用餐，大抵是没有人勇敢到会有此一试。

以上的一切其实也不是埋怨，除了刚入住的一刻实在有马上搬走的冲动，但既是人家的安排也心领也能将将就就。就像走进一些宣传得天花乱坠的风头甚劲的餐厅，从入门的接待处的排场到侍应的衣着言谈到用餐区的墙壁天花窗户门楣质料颜色到桌椅选择餐具陈设，还未到端出来的食物，都得面对我这既包容又挑剔的难搞（但绝不恶搞）的顾客。很清楚知道自己的评审标准其实也很简单直接。从小到大，见微知著，只是要求干净利落、恰如其分的基本原则，也很明白在这个商业社会也的确是一分钱一分货，只是我们都得好好地利用面前仅有的资源，把简单的东西都估到能力所及的最好——相关视觉嗅觉味觉，即使只有十八分钟的时间来做的一道菜，人急智生，混酱也要混得有知觉有自觉（make sense），今天的小小啰唆完了，谢谢大家。

石榴红了

每次跟小朋友说石榴，都得清楚地一再说明，石榴是红的，里面有很多很多像红宝石一样的籽的，不是我们喝纸包装饮料的淡绿色的、台湾朋友叫作芭乐的番石榴。

早就在古代文明盛世中出现的石榴堪称水果王国中的恐龙，公元前一五四七年出现在古埃及的墓穴壁画当中，传说中的女神阿佛洛狄忒（Aphrodite）也在她的出生地塞浦路斯（Cyprus）亲手种下石榴树，而《圣经·旧约》里也多次提到石榴。

石榴籽发酵制酒，石榴汁治肠胃病，石榴能“提升灵魂，平复愤怒、仇恨和嫉妒”，都是古罗马以至中世纪伊斯兰民族日常饮食生活的至爱。这种其貌不扬，但掰开来却像发现宝石一般令人惊喜兴奋的果实，酸甜清爽实在可爱。

不知是否这一代人越来越懒，连剖开石榴逐粒细嚼然后吐核的程序也嫌麻烦，所以儿时印象中也算在香港普遍流行的石榴在好些年来几乎绝迹，也得待到近年健康饮食潮流贴身，一波未平一波又起地在夸奖石榴籽石榴汁的抗氧化神奇功效，石榴终于重新回归。先出现在高档超市的水果货架中，原产地更远在中东地区，一个把石榴依然大量应用在日常饭食中的国度。石榴红了，希望这回红得更深更久。

材料（两人份）

·有机希腊稠身奶酪	一盒
·薄荷叶	一小束
·小黄瓜	两条
·蒜头	八粒
·柠檬	半个
·石榴	半个
·蜂蜜	四匙
·肉桂粉	适量
·中东 pita 面包	四个

1	2	3	4
5	6	7	8
9	10	11	12

按部就班

1. 先将蒜头去衣切细（三分钟）
2. 挤半个柠檬汁与蒜头略拌（半分钟）
3. 用橄榄油与蒜头拌匀（半分钟）
4. 将小黄瓜切极薄片（两分钟）
5. 以盐拌进并稍微挤走水分，令黄瓜更爽脆（三分钟）
6. 剖开石榴取籽备用（两分钟）
7. 薄荷叶洗净并切细丝（两分钟）
8. 取出盒装奶酪分作两份（一分钟）
9. 其一拌入黄瓜、蒜头（半分钟）
10. 以薄荷叶提味及装饰（半分钟）
11. 将石榴籽拌入另一份乳酪（半分钟）
12. 以蜂蜜、肉桂粉提味及装饰，配以烤好的中东 pita 面包进食，混酱也得讲究地道（一分钟）

冷热小知识

奶酪也就是 yoghurt，这个土耳其词的词根原意为“浓稠”，但市面上出售的奶酪只有真正内含活乳酸菌的才算健康食品，如果只写上以活菌制造，很有可能在消毒杀菌制作过程中乳酸菌都已被杀死。

牛油有来

谁还记得是什么时候吃第一口牛油果的？

有人可能会告诉我，牛油果从来就在加州卷里，在奥利弗（Oliver）叫三明治可以加牛油果酱，在吃墨西哥菜的时候总有那么一盘配菜（side dish）里面有牛油果有番茄有洋葱有辣椒和其他不知名的香草——请记住这叫牛油果酱（Guacamole），通常伴着粟米脆片（tortilla）一起吃——但我倒清楚记得，十来岁以前我的世界里是没有牛油果这回事的，有一天这个深棕色的外皮凹凸不平的丑陋怪物在家里出现，我是以对待榴梿、山竹、红毛丹这一类奇形热带水果的心情来对待它的。

直到用刀刮开那看来坚硬的果壳，露出内里那绿绿黄黄的软滑的果肉，急不可待地用小勺挑出一匙果肉放进口，那简直就像发现新大陆似的：因为味觉记忆中没有任何一种“水果”同时混合有这样的草腥味、肉味、坚果味、甜味、奶味、牛油味——所以这种来自中南美古代阿兹特克（Aztec）族人称作 ahuacalt 的果实，到了西班牙语里变成了 ahacate 或者 agucate，最终就定名流行叫牛油果（avocado），有时也被称作鳄梨（alligator pear）。到了中文世界，无论是取形叫鳄梨，或者取味叫牛油果，都避过了最古老原始最大方直接的称呼：因为 Aztec 古语中 ahuacalt 的意思，其实是男性睾丸，抱歉（sorry）sorry，心照不宣也得宣，希望不会倒胃口。

说来我的第一次牛油果经验，就是把牛油果剖开两半，去核，下点现磨黑胡椒，撒点海盐，再加上初榨橄榄油，用小勺一匙一匙就地正法。这些小动作完全起了提味升华的作用，完整体会牛油果本身的丰满质感和口味，也是一直以来我家早餐的其中一项选择。当然身边为食老友主意多多，其中一位的牛油果初体验是把几匙炼乳放到果肉上混着一起吃，可以想象这也该是不错的一道即食甜点。

保持那一种好奇那一刻冲动，每次都是第一次第一口。面前是一道简易不过的牛油果美味，作为前菜叫身边一众眼前一亮，作为主食的话也可以独食饱肚，连清洗搅拌机的时间加起来也用不了十八分钟，你大概没有借口不动手动口一试！

有机米浆

有机食物有机生活是今时今日一个重大议题，言重起来好像生死攸关诸多争论，亦因此引诱出五花八门无限商机。从十年八年前要走到山穷水尽处才找到有验证的有机食物，到今时今日街头巷尾都有打着有机饮食旗号的专卖店，周六周日有机农场市集支持者众，大集团经营的有机超市更是声势浩大地高调宣传，一般超市也不得不积极跟进，毕竟也算有点时代气息。

有机不有机，消费大众中最计较的其实也就是有机食品价格偏高的问题。长远来说，理论上是当市场上对有机食物的需求大增，也会引致价格的下调。在这个市场价格的改变调整中，我们这些嘴馋为食但也深知健康重要的，说白了就是怕病痛怕死，当然还是得用自己的速度向有机饮食靠拢。

既然一下子控制不了在外面饮食都能遵守有机，总可以从家里的简单饮食习惯开始。我并没有戏剧性地把家里现存的所有“非有机”食品饮料都一下子丢掉，但保证用完后再添增的都是有机的货色。就像这次的牛油果浆，牛油果是来自墨西哥的有机品种，米浆饮料是来自意大利的有机品牌 Probios，海盐当然也是天然有机的法国品牌，但食材这样远道而来就好像违背了有机饮食里反对运送里程过多交通燃料过分消耗的严格原则，真的矛盾！

材料（两人份）

·牛油果	两个
·薄荷叶	一束
·现磨黑胡椒	少许
·海盐	少许
·橄榄油	少许
·有机米浆饮料	二百毫升

1	2	3	4
5	6	7	8

按部就班

1. 将熟透的牛油果对半小心剖开，去核，刮出果肉盛碗中，保留果壳当盛器（三分钟）
2. 薄荷叶洗净择出叶片（两分钟）

3&4. 把牛油果肉及薄荷叶放进搅拌机（半分钟）

5. 撒进少许海盐，现磨黑胡椒（半分钟）
6. 放进约二百毫升有机米浆，盖好进行搅拌（两分钟）
7. 把搅拌好的牛油果浆盛进果壳里（两分钟）
8. 再现磨少许黑胡椒在果浆上，浇上少许橄榄油让口感滋味更香滑突出，保证听到欢呼掌声（一分钟）

冷热小知识

牛油果就是酪梨的俗称，一经切开或捣成泥，果肉很快就氧化变褐色，可加入柠檬汁防止变化加剧。酪梨通常也不入锅烹煮，因为受热会产生苦涩蛋味化合物，要加热煮汤调酱也只能在最后一刻加入。

黄金收割

做人要有目的，要有方向，做这样那样都该有意义，至少对自己有意义……这些老得掉牙的温馨提示，大抵你我也再听不下去。

问题就是我们有太多目的，太多方向，也太聪明伶俐地给予桩桩件件事情都太多牵连太多意义。结果做这样那样都很不爽，把简单的事情复杂化，把复杂的事情简单化，到最后匆匆上马，边走边做打算，结果也说不清做人做事目的是什么方向何在。唯有勉强敷衍说活着就是意义所在，以为十分存在主义的，其实什么都不存在。

这并不是什么后青年前中年的啰唆和牢骚，这只是该有的一种知觉自觉，三五七天就得问问自己，依然钟情的是什么？曾几何时的热情在哪儿？翻开自己的“档案柜”无论是无印良品小笔记本中的手写计划，还是计算机 Excel 文件（file）里的年度预算，那些曾经做过的梦，曾经打算无论如何要做或者誓神劈愿不做的事，诸如每日要扶一个老人或小孩过马路，一年内要吃遍全港最好的云吞面和鱼蛋粉，到如今究竟实行了多少？答案是——

先来修理自己。我有极严重的把资料整理归类的习惯，而且不是虚拟的网上资料，是看过的书和杂志的解构散件重组，其中一项是旅游资料，翻开墨西哥、南美等存档，已收进的剪报和相关材料有二三百份，但这么多年来（尤其是看了《春光乍泄》后的冲动时期），我都没有主动争取出发成行。只是一次一次地告诉自己告诉别人，我很想很想很想去墨西哥去秘鲁去阿根廷去世界尽头，然后没有了下文。唯一有做的是，间歇在超市买来也不是墨西哥出产的可能已经有基因改造成分的 Nacho 玉米脆片，吃了又吃，或者偶尔吃一两根国产玉米，水煮的，像小时候一样，一根在手像吹口琴似的把玉米一粒一粒地吃，吃完已经天光。

这个故事有没有什么教训？如果有的话，警句就叫坐言起行，想做就做，不做不会死，但久而久之对自己会心死。起来起来，趁自己还在（？！）黄金时代之际把自己好好收割掉，否则玉米不再新鲜饱满，干了塌了磨成粉也卖不出去，一切为时已晚。

玉米多事

翻书上网都说玉米是五千年前墨西哥原住民把生长在米切肯州巴尔萨河流域的野生黍类培育改良而成的，发展成今日超过数百品种好吃或不好吃的玉米。

什么时候千山万水漂洋过海来到东土落户，还得到一个如玉如米的昵称，倒真要找个农业史交通史食物史的学者来问问。但玉米的产量直接关系到文明的兴衰，倒是清清楚楚的事实。玛雅文明的灭亡就直接与玉米有关，因为当时玉米生产完全依赖降雨和地表水源，虽然已有先进的水库设施和灌溉系统，但持续多年的大旱摧毁了玛雅社会的农业基础，令辉煌一时的玛雅文明走向灭亡。

时至今日，那边厢墨西哥民间还有每年玉米丰收答谢神恩的玉米节，这边厢遍布全球的墨西哥餐厅在大卖 Nacho 小食 Taco 夹饼，还有的是玉米成为猪牛鸡等家畜家禽的饲料，美国作为全球最高产玉米国，八成的玉米都不是给人吃的。再加上欧美近年致力于推动生物燃料的发展，把玉米制成供汽车用的乙醇。由于需求日增，直接导致玉米价格上升。作为墨西哥人的主食的玉米，价格上涨竟然高达四倍，继而又牵引饲料价格上扬，肉食和奶制品成本增加……这个失控的局面动摇了全球农业经济基础，分明又是一个文明毁亡的前奏。

材料（两人份）

·玉米	四根
·柠檬	一个
·牛油	两厚片
·青葱	一束
·干辣椒片	适量
·海盐	少许

1	2	3	4
5	6	7	8
9	10		

按部就班

1. 先将玉米去衣，切去头尾（两分钟）
2. 将玉米放进烧开的热水中煮熟捞起（四分钟）
3. 将柠檬洗净，以刨刀削皮成屑，备用（一分半钟）
4. 同时将青葱洗净切粒（一分半钟）
5. 以少量牛油起锅，把青葱粒放进（一分钟）
6. 再把辣椒片放进一并炒至干身（两分钟）
7. 下盐调味（半分钟）
8. 转小火把余下的牛油放进，待其熔化成汁（一分半钟）
9. 把煮熟的玉米放入锅中，翻动沾满牛油酱汁（一分钟）
10. 关火起锅前，放进柠檬屑提味，自制墨西哥家乡风味无难度（半分钟）

冷热小知识

牛油加热时，其中的水分烧干后，乳酪与蛋白质彼此作用，就会出现油变棕色的情况。这种轻微“烧焦”了的香气也正是迷人之处，如果离一下火放进柠檬汁、柠檬屑或者醋来平衡一下，产生的那坚果一般的酱汁风味会更吸引人。

天下太平

如果你稍稍张开眼睛竖起耳朵，也大抵会知道市面上有所谓什么年级什么梯队以及“六〇后”“七〇后”“八〇后”以至第二第三第四代间的关于承传接班的论争，关于谁该退一步以免阻人前进，谁又该进一步攻陷老化了的山头，本来都是自然不过的规律和事实，但也许现在的生态都习惯了捉痛脚搞针对，严重的更是不留情面要置对方于死地，一点也不和气，所以就没法生财，叫路人如我很是懊恼。

性格使然总觉得一代人有一代人该做的事，几代人有缘同台吃饭，各自修行也不错，无谓动辄拿起杯盘碗碟向你的上一代或者下一代摔过去。据我的猜度，应该就是一起吃的这锅粥太稀或者太稠，不合众人胃口，所以根本就吃不下去，骂都来不及又怎想得到要多互动交流。若要摆平几代人的恩恩怨怨，恐怕要定时举办超级美味大食会，而且大伙儿一起商议菜式一起买菜一起洗切烹调，调味孰轻孰重卖相如何讲究也得有集体共识，一次生两次熟，齐齐入厨实在是最佳团队合作训练。

说来这些大伙儿热热闹闹的吃喝场面，也不必走什么高档的刁钻的路线，用上最普通的食材最简单的制作方法，只要是真材实料有心装载，不难让这些大食派对上的老手和新丁，都一一拍案叫绝，吃得心服口服夸奖对方欣赏自己也就无谓再针锋相对伤身伤心了。

肥美番茄爽甜黄椒配上清香柠檬皮和鲜嫩罗勒叶，做成有南美风味的蘸酱，配以现成的烤得酥脆的 pita 面包片，只是小吃也可以吃到天下太平。

投资指南

近朱者赤，近墨者黑，始终是因为脾性和嗜好的关系。身边没有太多朋友是那种在金融股票以及地产方面很专业很有研究很懂算计的，即使间或有一两个穿插出现，他们说的我也基本上听不懂，“难堪”的是我毫无悔意，一点也没有后悔从前念书时为什么不好好念好经济这一科，勉强上心的是市场上的需求定律以及做选择决定时的机会成本（oppurtunity cost），所以也很安心地告诉自己，我既然选择了这样的生活行事状态，游游荡荡轻轻松松，自然就有牺牲有代价，没有什么大不了，反正什么叫作赚什么叫作赔，自己有自己的定义。

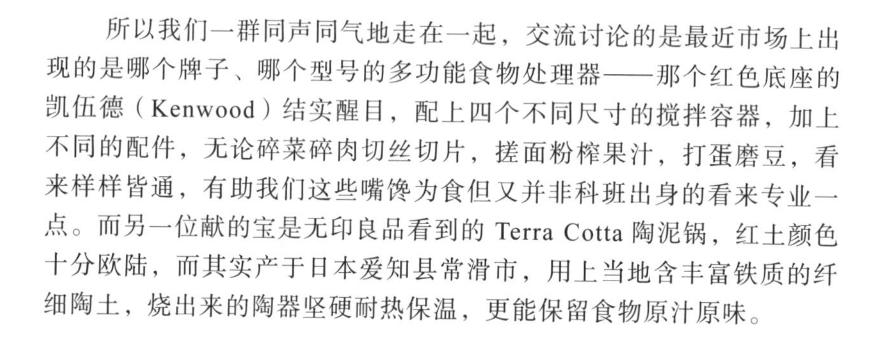

所以我们一群同声同气地走在一起，交流讨论的是最近市场上出现的是哪个牌子、哪个型号的多功能食物处理器——那个红色底座的凯伍德（Kenwood）结实醒目，配上四个不同尺寸的搅拌容器，加上不同的配件，无论碎菜碎肉切丝切片，搓面粉榨果汁，打蛋磨豆，看来样样皆通，有助我们这些嘴馋为食但又并非科班出身的看来专业一点。而另一位献的宝是无印良品看到的 Terra Cotta 陶泥锅，红土颜色十分欧陆，而其实产于日本爱知县常滑市，用上当地含丰富铁质的纤细陶土，烧出来的陶器坚硬耐热保温，更能保留食物原汁原味。

至于我的“投资”推介，就是一套在宜家家居（Ikea）可以购得的超值碗碟套装，黑白图案百分之二百北欧风，是那些超越时空的常青经典。我的建议是不妨以“低价”多买十套八套，部分自用然后部分留待将来送礼，所谓眼光所谓品位所谓修养，也其实并不高深，如此而已。

材料（两人份）

·番茄	四个
·黄甜椒	一个
·柠檬	半个
·蒜头	六粒
·罗勒叶	一束
·原糖	四大匙
·红辣椒	一个
·橄榄油	适量
·中东炸 pita 脆片或南美粟米 tacos 脆片	适量

1	2	3	4
5	6	7	8
9	10	11	

按部就班

1. 先将番茄洗净，在底部切十字花（半分钟）
2. 放入热水中烫至番茄皮松脱，捞起放进盛满冷水（或冰水）的碗中，方便轻易撕脱表皮，待凉备用（两分钟）
3. 蒜头切小粒（两分钟）
4. 柠檬半个去核连皮切小粒（一分半钟）
5. 罗勒叶洗净切丝（一分半钟）
6. 番茄去皮，切片再剁成蓉（两分钟）
7. 黄甜椒洗净，切小粒（一分半钟）
8. 下油，用蒜头起锅，放进黄甜椒略炒（一分半钟）
9. 将番茄蓉、柠檬皮粒和红辣椒片先后下锅，以大火煮至收水变稠，过程中不断搅拌以免粘锅（五分钟）
10. 关火前放糖及盐调味（十秒）
11. 将蘸酱盛碗中，撒上罗勒叶，再浇进橄榄油——甜酸苦辣，软滑松脆微妙组合，一尝再尝（一分钟）

冷热小知识

番茄饱含有抗癌功效的番茄红素，而番茄红素是油溶性营养素。如果把番茄跟牛油果、坚果和橄榄油等油脂食物一起吃，功效更能得到彻底发挥。

哎吔小聪明

曾几何时，我是个连烧烤（BBQ）时乖乖坐好由生至熟烤好一只鸡翅也没有耐性的人，我的容忍度大概只是烤好一串又红又白又啡的棉花糖那么一分半分钟。

其实到现在，我还是用千方百计诱得好心人替我掌管那需要用慢火烤烘才练出一身金黄焦香的鸡翅，对那些气定神闲地一手用阴力把一整只鸡翅上下骨移位并以铁叉穿透其中以展翅状帖服眼前的高人，始终最佩服。而我就最懂找借口去负责一些我有兴趣并且自以为担当得来的角色，比如事前用这种那种特级酱油或者香草或者调味料去腌好鸡翅，又或者事后用蜜糖用果酱以及芝麻呀饼干屑呀薯片碎呀去为鸡翅加料装身，大家都知道我是念设计的，整色整水包装造势是专业分内事。

当年念设计开学第一天，那位看来比我们还要贪玩顽皮、站不稳坐不定的英籍讲师开宗明义跟我们说，设计就是解决问题（design is all about problem solving），为人为己解决问题就是设计的目的和意义。到了许多年后才恍然大悟，其实开学的第一天也就应该是毕业的一天，因为问题是要自己解决的，问题其实也是自己制造的，所以收到了这一句至理名言随手活学活用，通宵四个小时手捧一大堆黑胶碟做一个电台音乐节目是设计是解决问题，左拎右挽一袋两袋鸡鸭鹅鱼虾蟹走入厨房舞弄出丰盛美味也是设计是解决问题，问题有大有小有轻有重，就看你能否四两拨千斤地运用大智慧与小聪明，解决工作上生活中人际来往的种种事／情。

说到入厨解决两三餐，刻意地买来一堆高贵食材来宠坏自己和身边一干人等是一回事，就地取材见招拆招又是另一种应对，家里小派对中不想面前都是千篇一律的样板东西，拉开冰箱有果酱有蜜糖有用剩的芝麻，心血来潮不妨用来替鸡槌装装身。设计，其实也就是替平凡无奇的事物添加个人特色和附加价值。

芝麻小事

误打乱撞的这几只芝麻果酱蜂蜜鸡槌一出场，竟然马上被抢去啃得只剩几根骨头，作为导演兼监制兼美术指导的我当然沾沾自喜，但眼见碟底剩下的芝麻和果酱，不忍浪费，赶紧多烤两片多士，把果酱和芝麻都涂上去，吩咐身边正在发育中的小朋友把这一一解决掉。

芝麻是小事，但少了芝麻就很多美味都不成事。最简单的莫如煎堆和笑口枣，没有了芝麻做装饰做香口引导，岂不是一团炸过的面粉？汤圆没有了黑芝麻做馅，就没有一口咬开来黑白分明香甜满嘴那种视觉和口感的震撼，更不要忘记芝麻糊可能是扭转众多小朋友对“黑色”食物偏见的伟大发明，吃猪肠粉在众多调味酱料之后没有下芝麻酱以及撒上那一撮香脆芝麻，也根本不是那一回事。

那更不能不提芝麻可以帮助滑肠通便，长服亦可令白发转黑，皮肤白嫩滋润，有令视力清明、补肝补肾等保健疗效。一瓶手工炒制精研的黄芝麻酱和有糖或者无糖的黑芝麻（胡麻）酱是日系超市中的高价货。而我的厨房中就常备黑、黄两色芝麻自行炒制，多花点时间稍加研磨就更香口更有食疗功效。

材料（两人份）

·鸡槌（翅中）	五只
·生抽	少许
·橄榄油	少许
·现磨黑胡椒	少许
·黑芝麻	适量
·黄芝麻	适量
·有机蜂蜜	两大匙
·有机橙皮果酱	两大匙

1	2	3	4
5	6		

按部就班

1. 先将两种芝麻以中火烤香备用（提防火猛焦苦）（三分钟）
2. 以生抽、现磨黑胡椒将洗净拭干的鸡槌腌过，并用叉刺鸡槌帮助入味（四分钟）
3. 用橄榄油以中火将鸡槌煎熟（五分钟）
4. 将两大匙蜂蜜和两大匙橙皮果酱调匀（半分钟）
5. 将果酱蜂蜜拌进煎好的鸡槌（一分钟）
6. 撒上烤好的芝麻便大功告成（半分钟）

冷热小知识

蜂蜜的植化物与酵素在经过高温消毒杀菌时会被破坏，所以喝蜂蜜不能以热水冲泡，尽量吃未加热、未过滤的生蜂蜜，效果最好。

辛甘苦与共

如果当年生活在亚马逊河热带雨林中的那一只猴子或者鹦鹉，没有吃掉那长着银灰色树皮的树上橙褐色的豆荚果实里的果肉，让丢弃的种子在猛烈太阳下晒干；如果没有那个路经觅食的印第安人好奇地拾起这颗种子放到嘴里猛咬一口，很苦但很喜欢，我们对巧克力的迷恋不知如何开始。

到了今天，每一本叫巧克力疯狂拥趸看得津津有味的巧克力食谱巧克力指南巧克力天书都会告诉大家，中美洲玛雅文明里，可可树果实晒干后用来制作祭祀仪式中的饮料。阿兹特克人持棒大跳“可可舞”，在新收获的豆荚上棒打着高潮迭起的节拍，洗净并烘干的种子也就是可可豆，被放在石板上碾碎磨成粗粉，倒模成为叫作 xocoatl 的块状物，混入胡椒粉、肉桂、香草精、麝香以及玉米粉，越复杂越高贵，再加入热水强打成泡沫，撇去油脂一咕噜喝掉。——难怪发现新大陆的哥伦布喝了一口由印第安人献上的这种神圣饮料时会叫苦连天，第一时间吐掉。

受苦受够了，大家开始把蜂蜜、蔗糖加进 xocoatl 配方中使它变甜，也用橙花、榛子、杏仁、大茴香果来调味。一五二七年，可可豆及其饮料制法进入西班牙，逐渐受到上流社会宫廷女士欢迎——因为这远道而来的“健康的有营养的”饮料，相传有助于促进生育。侍女们开始用牛奶、鸡蛋和蔗糖来调制这辛辣苦涩的原材料，跟今天我们喝的热巧克力开始接近。

巧克力热潮从此一发不可收拾，法国、意大利、英国、瑞士、德国以至美国先后都有自家商人研究可可豆的压榨提取方法，也有各自的调味喜好。巧克力热饮用来治肠胃病、肺病，治宿醉，也医好西班牙和奥地利红衣主教的忧郁症。至于那种叫大家喝了之后产生的无法抗拒也无法形容的陶醉快乐，科学解释是因为可可豆中含有化学物质大麻素（anandamide），是一种神经导质和兴奋剂，效果有如大麻。

做成固体并首次发售的巧克力其实迟至一六七四年才在伦敦出现，自此男女两情相悦又多了一种很有象征意义和实际功效的小礼物，但要探源溯流，元祖级巧克力还是要跟你的心爱捧着杯，热得烫嘴地一口一口喝进去。

可可犀利

翻开可可豆和巧克力的历史大书，有如看探索频道（Discovery）看南美西非欧洲殖民史看植物香料贸易史看欧洲宫廷教廷饮食生活史……而贯穿其中的人物更是颗颗（有如可可豆？）巨星。从西班牙探险家荷南·考特斯（Hernan Corts）科尔特斯、克里斯多弗·哥伦布（Christopher Columbus）哥伦布、荷兰人 Coenraad van Houten 范豪顿、瑞士人亨利·内斯特莱（Henri Nestle）雀巢氏、瑞士人让·托布勒（Jean Tobler）塔尔莱尔（三角唛，Toblerone）、瑞士人鲁道夫·莲（Rodolfe Lindt）瑞士莲，以至英国人约翰·吉百利（John Cadbury）吉百利、美国人赫尔希（Hershey）好时，都是至今依然大名鼎鼎的巧克力生产制作品牌，当年都各自发展独有技术，研制出在市场上反应热烈的巧克力系列。

就以面前的 Van Houten 可可（cacao）粉为例，的确就是荷兰人 Coenraad van Houten 于一八二八年在他的巧克力作坊里几经实验研究的专利发明。他用了一种自家制配的水力压榨机，成功提取可可豆中的可可脂，留下的压缩物再磨成粉末，就是元祖级的可可粉。后来他又引进去酸工序，提高了粉末的可溶性，堪称史上最早的速溶巧克力。也难怪在众多品牌都参与竞争的今天，知情识趣而且识货的巧克力迷，还是会始终如一地拥护这一铁皮罐以古典图样印花包装特浓特细的巧克力 cacao 粉，保留久远历史传统就是成功秘方。

材料（两人份）

·全脂牛奶	两杯
·肉桂枝或肉桂粉	一支 / 一小匙
· Van Houten cacao 粉	一大匙
·红辣椒	一个
·砂糖	适量
·鸡蛋黄	一个
·油条	两根

1	2	3	4
5	6	7	8
9	10		

按部就班

1. 先将牛奶以慢火煮沸，小心沸溢（三分钟）

2. 同时放入肉桂枝（或肉桂粉）调味增香

3&4. 将 cacao 粉放入轻沸的牛奶中拌匀（四分钟）

5. 将红辣椒洗净，切开去籽，放入巧克力中（一分钟）

6. 放入适量砂糖，调至喜欢的甜味（半分钟）

7&8&9. 打开鸡蛋，只留蛋黄。先打匀后徐徐放入巧克力中，以增加香滑和黏稠度（一分钟）

10. 自家调味炮制的热巧克力热辣登场，既然身边没有蘸满糖粉的西班牙炸鸡蛋面粉小吃 churros，新鲜起锅的油条就是当然选择

冷热小知识

一般人认为当胃不适，千万不要吃辣椒，但其实辣椒并不会刺激胃，反而会杀死引发胃溃疡的细菌，刺激胃壁分泌保护液。

百味千寻

一年一度，趁着大家都从上环湾仔荃湾深圳北京上海来意大利米兰国际家具展朝圣之便，我们这些平日各忙各的，连吃顿饭也要约上大半年而且改时改地十数次的，倒是名正言顺地聚首一堂，八卦八卦不在话下，最重要的，还是聚餐。

早就学精学懂，在这些人潮鼎沸，满街都是嘴馋好吃的建筑师和设计师的日子，吃晚饭可得提前预约。前一晚恃熟卖熟，在每年入住的酒店附近的一家已经成为专用饭堂的家庭式餐厅里吃过传统的意大利北部菜，今晚刻意订的是一位意大利朋友的前任男友开的且亲自做厨师的小餐厅，餐厅很小，只坐得下二十人左右，所以也就直接叫作“Piccola Cucina”小餐厅。

这位意大利朋友的前任男友，三十出头，眼睛大大，笑笑口打了个招呼之后进入厨房继续忙碌。八卦的我乘机瞄了一瞄，厨房也是小小的，除了这位地道的意大利人做主厨，副厨该是一位印度籍的年轻人，还有一两个帮工，该是南亚裔人士，于是我马上想，今晚吃到的菜式，可会有点 fusion 的味道？

餐牌递过来，前菜的好几项选择当中有鹅肝配朱古力饼和果酱，有鹌鹑慕斯，主菜有鸭腿，甜品有心太软巧克力蛋糕，分明就是法国菜的格局，当然还是有 pasta 有豆汤有炸猪排酿乳酪等看起来仍是意大利的菜式。座中众人各自踌躇之后点了菜，嘻嘻哈哈一轮之后菜一上来一试，大家更有点哗然的发现。有一道 pasta 用的酱汁是我们熟悉的姜葱蓉，有一盘香草炒鱿鱼的长相也十足十中式小炒，欠的只是豆豉而已，亦有一盘 pasta 的造型和韧度十分像小型银针粉，做法像上海嫩鸡煨面。当然这道菜那道菜都在水准以上，管它是法式泰式印式中式日式，只要用心，只要巧妙参考借鉴，一切口感味道都有可能。——且看这回用中式的手学做一回泰式的柚子凉拌，用最短时间把最多的最细致的味道配合，成功在尝试，一试便知失败也很难。

超合金不换

如果没有你，日子怎么过？

如果泰国人没有金不换，如果意大利人没有罗勒叶，如果台湾人没有九层塔，如果我们这些遍布全球每个角落的为食同党有朝一日发现没有了这个金不换—罗勒—九层塔的同门同种不同类的香草大家庭的存在，简直天昏地暗日月无光，同声一哭也来不及。

如果你还不知道这是怎样的一种清香而浓烈的味道，请分别一尝泰菜的柚子凉拌，意大利的香蒜沙司（pesto）酱汁或 pizza 上那几块绿叶，以及典型台菜三杯鸡锅中那一堆“草”，我甚至觉得这个家族不必明争暗斗也稳当主角而不只是做绿叶扶持的配角。

每当我将这一把洗得水淋淋的香草，逐一撕下叶片或切细或原叶，准备应用之时，无论是泰国金不换、意大利罗勒，还是台湾九层塔，都会叫我再一次佩服它和它的粗壮茂密，生机盎然，很有那种年轻大无畏的张扬炫耀。我是我，我来，是要叫这个世界增添色香味，我不来，你们怎么办？

材料（两人份）

·柚子肉（超市有售已去皮剥好的）	一份（约十片）
·花生	约三十粒
·红葱头	八颗
·小虾米	十五至二十只
·泰国金不换	一把
·蜜糖	一茶匙
·砂糖	两茶匙
·青柠	两个
·朝天椒	一个
·越南鱼露	一大匙

1	2	3	4
5	6	7	8
9	10	11	12

按部就班

1. 青柠切半榨汁（一分半钟）
2&3. 将砂糖及鱼露（或柚子醋）放进青柠汁中（一分钟）
4&5. 将蜜糖及切碎的朝天椒粒亦放进调匀成酱汁（一分半钟）
6. 红葱头洗净去衣切细（两分钟）
7. 柚子肉拆碎成丝（四分钟）
8. 金不换叶洗净切丝（一分半钟）
9. 红葱头下锅，猛火炸香，备用（三分钟）
10. 虾米下锅，猛火炸脆，备用（两分钟）
11. 将金不换叶和花生碎先后铺在柚子肉上（一分钟）
12. 把红葱头及虾米亦铺叠上去，吃时浇上酱汁拌匀便可一尝细致滋味（一分钟）

冷热小知识

柑橘家族包括甜橙、柑、橘、柠檬、柚子……原产地在中国南方、印度北部和东南亚，几经贸易兜转遍及全球。现在全世界甜橙大多出自巴西和美国，在加勒比海一带出产的葡萄柚就是甜橙和柚子的杂交种。

天使与魔鬼

如果只是一味的辣，辣，辣，恐怕面前这些南印度西海岸的传统菜式根本没办法引起我的好奇和钟爱。就是因为香辣浓淡在这阳光不绝的地域里能够取一个极不错的协调，素的荤的也有众多选择，更凸显了各式香料本身的独特，叫来者展开一趟味觉实验之旅。

漫游印度，嘴边常常挂着的一句：魔鬼就在细节之中。

谁是魔鬼谁是天使？带你到天堂的是面前的好味道，可是吃吃吃得失控导致体态变形，又如掉进地狱。

我倒是管不了那么多，只要是吃得出聪慧心思的人间美味，天使与魔鬼同在，又何妨，两者兼得愈见精彩细节。

既然说是来一趟印度菜巡礼，当然记忆起在印度旅行的难忘饮食经验。友伴指引，当然吃得到外头地道餐馆的好菜式，吃香喝辣应有尽有，只是一般都以浓重口味居多。

倒是辗转认识到一对年轻印度夫妇，男的经营家族茶园大生意，女的开有印度高档的设计概念店——可以想象在印度有一幢全白建筑里面，设计货物陈列有如巴黎柯莱特时尚店（Colette）吗？精彩不止于此，最厉害的是我们被招待住进他们有如宫殿的大宅，推门进去更有像印度现代艺术馆的收藏，高潮所在每天早午晚吃到最正宗的印度家常素食——新鲜食材不在话下，每盘每碟用的不同香料不同辛辣度，都是异常的清爽口味，完全推翻了印象中印度菜的油腻浓重。我当然赖在人家厨房偷师学艺，面前的一道奶酪秋葵凉拌就是当日半饱以外的满足收获。

秋葵、芥籽、姜蓉，甚至还可以不嫌麻烦自选动作加进新鲜磨成的椰蓉，都是可以细细咀嚼回味的“细节”。

芥籽？对，是 mustard seed，黑的，黄的，放进油锅里不得了，十秒后就跳得老高，一桌一地都是，每次用上芥籽，就是希望有那种微微的甘苦，咬起来啪的一声，比芝麻更细致更另类，又叫我想起差不多感觉的罂粟籽（poppy seed），听了名字都会变 high。

印度菜中常常用上芥籽，从蔬菜咖喱到甜品到小吃，原粒芥籽已经很够性格，相对反是比较少研磨成芥末做酱，有种，果然更好。

天使与魔鬼从来都在细节当中，实在皆大欢喜。

一磨再磨

不知怎的，面前这个白瓷磨碟总叫我想起搓衣板。

为免跟太年轻的读者小朋友有代沟（其实说没有也是自欺欺人），总得解释一下什么叫搓衣板——要解释又好像很尴尬，普通不过的一块刻有横条坑纹的不到四十五厘米高三十厘米宽二点五厘米厚的木板，斜放在洗衣盆里，或者蹲坐着就用小腿“夹”住，用手把持湿衣服在坑纹上来回摩擦，当然还刷下肥皂或者洗衣粉——那是在自动洗衣机普遍流行之前的，说来也只不过是十多二十年前的事。搓衣板一夜之间撤退得七七八八，相信十多岁的小朋友真有可能没有见过这玩意儿。

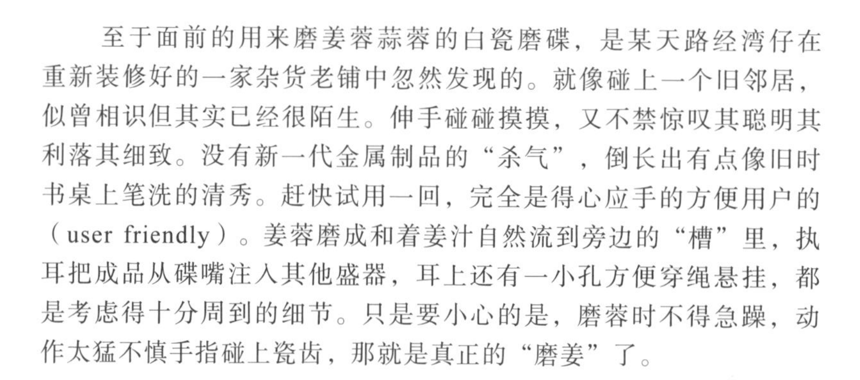

至于面前的用来磨姜蓉蒜蓉的白瓷磨碟，是某天路经湾仔在重新装修好的一家杂货老铺中忽然发现的。就像碰上一个旧邻居，似曾相识但其实已经很陌生。伸手碰碰摸摸，又不禁惊叹其聪明其利落其细致。没有新一代金属制品的“杀气”，倒长出有点像旧时书桌上笔洗的清秀。赶快试用一回，完全是得心应手的方便用户的（user friendly）。姜蓉磨成和着姜汁自然流到旁边的“槽”里，执耳把成品从碟嘴注入其他盛器，耳上还有一小孔方便穿绳悬挂，都是考虑得十分周到的细节。只是要小心的是，磨蓉时不得急躁，动作太猛不慎手指碰上瓷齿，那就是真正的“磨姜”了。

一不小心变成经典，相信是那块木头搓衣板和这个白瓷磨碟都没有计算过的。

材料（两人份）

·秋葵	十条
·姜	半块
·蒜头	三瓣
·辣椒	一个
·芥籽	半茶匙
·橄榄油、糖、盐	适量
·有机希腊稠身奶酪（Greek style）	五大匙
·现成中东面包或印度薄饼	两块

1	2	3	4
5	6	7	8
9	10	11	12

按部就班

1. 先把姜洗净削皮（一分钟）
2. 再磨成姜蓉备用（一分半钟）
3. 蒜头去皮切蓉（一分半钟）
4. 辣椒切丝，去籽（一分钟）
5. 秋葵洗净，去头，切粒（两分半钟）
6. 以蒜蓉、姜蓉和椒丝起锅（一分钟）
7. 将秋葵放进锅中炒软，加盐、糖调味（两分半钟）
8. 秋葵炒好置碗中（半分钟）
9. 放进较稠身的希腊奶酪，拌好后不会如其他欧洲奶酪般太稀身（半分钟）
10. 用慢火炒热芥籽，弹跳前就离火（两分半钟）
11. 将芥籽放碗中与奶酪和炒好的秋葵拌匀（一分钟）
12. 微酸微辣，软硬细致口感独特，自制印度风味，放胆尝试

冷热小知识

秋葵切开后的黏液，是一种属于糖蛋白质的黏蛋白，有保护胃壁和肠道的功效。而秋葵表面的绒毛，如要去除可加盐略为揉搓，再以水冲洗即可。

借花敬佛

实不相瞒，我曾经是其实到现在还是罐头汤的忠实拥趸。

如何可以最方便最快捷地满足那辘辘饥肠，一直是我致力的终极目标。当然，如何才叫作满足，也随着年龄和经验不断变化，也因为所在的时间地点情状自行调节——三更半夜回家，有人会幸运地在饭桌上发现妈妈刻意煲了大半天熬出来的老火汤，留了两碗放在保温瓶里，这当然是至高无上的“温暖牌”罐头，但更多人是形单影只地回到狗窝一样的小房间，只能在一堆杂物里找出那个有超市商标的环保购物袋，庆幸里面还有一罐喝剩的罐头汤，也正好用来暖暖胃，安慰安慰自己。

时移世易，从前喝罐头汤，无论是国产的经典的茄汁牛尾汤（还一度有牛蹄筋汤！），或者是和安地华荷一起双赢的来路金宝汤（从忌廉蘑菇到忌廉鸡到 ABC 字母），都得用上开罐器又扭又旋。如今一概换上易拉罐，一切更快更方便，而且内容上从过去的浓重口味和备受诟病的含钠过高，转而变身衍生出用有机蔬菜制作的西蓝花菜汤、萝卜芫荽汤、杂豆香草汤、豌豆汤……见猎心喜都第一时间买来尝试，成为厨房储物柜中的守卫，而且普遍说来都在水平之上。

当然做人还是得向前看向前走，罐头汤能够满足初阶低要求，再进一步就是要自己动手。固然你可以越级挑战向老人家问长问短煲一煲历史老火汤，但也可以自行调制发明无难度的实验作品。南瓜加上番茄本来是最容易制造出温暖感人效果的，热腾腾和冰冰冻两个版本都受欢迎，只是今天碰巧发觉超市架上有泰式冬阴功汤包，一次把香茅、南姜、青柠檬和青柠叶、朝天椒甚至鱼露辣椒油都一并齐全。灵机一动马上买来与南瓜番茄掺杂（crossover），只需去掉辣椒油和朝天椒（勉强留一个也可），就成功“研发”出十分有度假感觉的泰版健康新口味。四两拨千斤，借花敬佛始终是为食之道。

绿叶扶持

冰箱的低温冰格里一度堆满的是各式即食点心、哈根达斯冰淇淋、伏特加酒和冰块，可想而知那些“光辉岁月”是多么“海阔天空”，完全是不分昼夜吃了喝了再算。

如今进入健康为尚的艰苦节制期，冰格基本是空的，为的是让自己时常警惕更加清醒。留守的却只有一小盒新鲜买来先用厨纸抹干净的小红辣椒，以及一袋青柠叶（kaffir lime leaf），都是平日下厨时可以醒神醒胃扭转乾坤的最佳男女主角。

红辣椒在菜市场随处有售，碰上那些小巧的朝天椒有红有绿更是极品，吃得冒汗发热开窍。而上好的青柠叶就得在泰式杂货店里向那些来港不到两三年已经一口流利粤语的泰国阿姐请教，通常她都会指点你到店堂里塞满由泰国空运抵港的香料和蔬果的冷藏柜里自助。泰国料理中不可或缺的香草金不换，绿咖喱的茄子和浆果，超小而且皱皮的苦瓜，还有一些说不出名字的野菜、香草都在眼前。而造型独特大小两片叶片相连的青柠叶，一拿上手轻揉一下就传来扑鼻清香，无论是切得极细的混成酸辣酱汁蘸点那些虾饼炸物，还是原块放入冬阴功汤里熬出特殊清香，都是叫人精神一振的一闻一试难忘的好滋味。

冰格里这些随时候命的青柠叶，就是平日简单煮一碗无料面条时，加一两片和纸包装清鸡汤一起煮成不一样的汤底，为单调提味的。

材料（两人份）

·日本南瓜	半个
·番茄	三个

冬阴功调味汤包中取出以下材料：

·南姜	三片
·香茅	两条
·青柠	一个
·青柠叶	三片
·朝天椒	一个
·海盐	适量

1	2	3	4
5	6	7	8
9	10		

按部就班

1. 先将南瓜去籽去皮再切成小片（四分钟）
2. 将南瓜片放进大热开水锅中（半分钟）
3. 将香茅切段，去除梗叶，留根茎厚嫩部分，南姜同时切片（一分钟）
4. 将香茅、南姜及青柠叶放进锅中与南瓜同煮，亦可先放入煲汤纱袋中再下锅，比较方便（半分钟）
5. 番茄底部切十字，放大热水中稍煮（一分钟）
6. 将香茅、南姜及青柠叶自汤中取出，并以铁网汤勺将已煮软的南瓜压成蓉（两分半钟）
7. 将番茄从锅中取出，放入冰水中冷却，随即去皮剁切成蓉（两分钟）
8. 将朝天椒切细，与番茄蓉一并放入锅内搅拌（一分钟）
9. 加海盐调味（三秒钟）
10. 关火后挤进一个青柠汁，随即可以盛于碗中，南瓜番茄冬阴功版偷步成功（一分钟）

冷热小知识

使用香茅时，只能取茎秆下段最嫩的部分，还要切或研得极碎，若还嫌纤维过多，就得以纱袋包裹，烹煮完才取出弃之。

清凉境界

大热天时还得在城中东奔西跑，早有准备多带在身边的白T恤都换过了，因为实在不能接受自己一身臭汗见街坊。所以开始明白那些长期驻守中环机场快线总站排排坐在长椅中的叔叔伯伯，就算称呼他们作“快线阿伯”吧，明知在这个荒谬都市昏热环境中不能心静自然凉就得找个合适环境让自己冷静（cool down）一下，否则就会像另一群暴露在大太阳底下（当然也勉强有树荫）但始终没有空调的“维园阿伯”，一天到晚牢骚不断，伤身伤心。做阿伯也要做得有点格调有点方法，懂得利用社会资源公共空间。

在香港要让自己在炎夏进入清凉境界就得走进千篇一律无甚性格的商场，如果换了在远方外地城市甚至近如澳门，你的必然选择应该就是教堂。无论你有没有宗教信仰，如果你在外面热昏了头，想找个地方安静一下，一个最方便直接的选择就是走进教堂，里头装潢布置或华丽雕琢或简朴干净，都是神圣庄严幽静地，走进来都有约定俗成的规矩和礼貌，除了那些已经成为观光游客必到的有如超市般嘈杂纷乱的圣彼得大教堂。

其实在东南亚国家或者日本，走进佛教寺庙也有这种身心清凉的感觉，只是在香港市区寺庙本就不多见，而且进去多是局促翳闷而且香火太鼎盛熏眼，基本上不设雅座（除了那些方便跪拜的蒲团！），所以不要怪香港同胞在夏日普遍心烦气躁，这也正好解释为什么那些街头巷尾硕果仅存的卖苦茶和野葛菜水的凉茶铺还是门庭若市。

这次大家面前没有煎炒炸，却有由越南香草鱼煲演化出的一个清凉版本，干手净脚简单方便，效果出奇地好，保证你不会舞弄得满头大汗。

我食草

随着标榜正宗地道的越南菜馆在身边越开越多，大家开始学会吃越南生牛肉河粉（pho）的时候要亲手撕入一大堆洗濯好的金不换叶、薄荷叶、毛翁、鹅帝，挤点青柠檬下点小辣椒，马上叫那一碗汤头鲜浓的河粉更觉清香诱人更有地道越南风味。

这些土生土长的香草都是地道菜式中不可或缺的，但当我有次在河内一家专门吃鱼煲的老店看着老板把烧得烫热的瓦煲放到早已放置桌上的炭炉上，掀起煲盖让我们看到炸得金黄的鱼件和稠浓的汤汁，还赶忙放进一大束香草再把盖盖上——忽然一室充满的芬香是那么熟悉，啊，这是莳萝（dill）草。经常出现在欧洲菜系中跟海鲜在一起的这家伙，给大量地移用在这十分粤菜感觉的煲仔里，恐怕这笔账又该算到跑遍世界都一样嘴馋为食的法国人身上。

曾经殖民统治过越南，法国文化对越南的影响至今还是明显可见。既可以选择移形换影地在那恍如法国乡下的古老宅子里享用地道法国美食，也更应寻访一下两种截然不同的文化如何在一个煲里碰击调和，而扮演这中间人的，就是这一棵草。

材料（两人份）

·越南鲇鱼柳（或找其他鱼柳）	八件
·有机小番茄	十二颗
·青柠檬	一个
·莳萝香草	一束
·盒装清鸡汤	一碗
·越南米粉	适量

1	2	3	4
5	6	7	8
9	10	11	

按部就班

1. 先将莳萝洗净，择用细嫩部分，去掉茎梗（两分钟）
2. 将青柠切半，备用（半分钟）
3. 将小番茄去头尾，当中轻切一刀（两分钟）
4. 将鸡汤下锅煮热（两分钟）
5. 莳萝放进鸡汤内（半分钟）
6. 将小番茄放进（半分钟）
7. 将鱼件也随后放进（半分钟）
8. 另起锅烧开水放进越南米粉（两分钟）
9. 米粉煮软后先捞起放碗中备用（两分钟）
10. 鱼件煮熟后关火，挤进青柠汁（半分钟）
11. 清香怡人，原来越简单越美好

冷热小知识

莳萝的应用在北欧日常菜式中很是普遍，但其实这种有特别香气的香草原生于西南亚及印度。直到今日，印度及南亚也会常把莳萝当成蔬菜食用。

自然醒

世界上最最幸福的，不是天天身穿华衣，不是日日口啖美食，而是可以随心所欲地睡觉，而且睡到自然醒，这是超越了金钱、地位、权力的至高无上的恩赐和享受，因为有一种折磨人的事情叫失眠。

大吉利是 touch wood，我从来不被失眠困扰，一有机会睡觉，马上在三十秒内昏睡过去，只是没有那么幸福得可以无拘无束心无杂念睡多久就多久，间或还是得靠闹钟警惕威胁保证起床时间，久而久之内置知觉在闹钟大闹前五六秒就撑开眼弹起床，其实自问还可以还需要继续睡。

所以好几次到越南都叫我目瞪口呆，无论是十一二月的寒冷冬季还是六七月的酷热夏天，走在大马路上（更不要说那些小巷深处），随时都可以看到路人甲乙丙，或是骑摩托车的，或是扫大街搞卫生的，甚至是路边摊以至小商店的员工老板，都当着大家的面，随便找个依靠就昏睡过去。我好奇贪玩，一路拍下不下十数人的各种睡姿，有的正常地睡在树荫下，有的睡在三轮车座位中，有的索性睡在货车底（！），再下来说不定看到交通警睡在斑马线上，老师学生睡在校园操场草地上……既然累了就睡，睡到自然醒，醒了就自然饿，饿了就去吃去喝——吃的是街角露天摊档的生牛肉粉，还要下大把大把的香草。起初我倒真的担心卫生状况，水土不服不能大食细菌，顶多只敢到些较像样的室内食肆去吃，也许就此错过了真正的地道民间风味。

不晓得对越南格外有迷恋情结的老外，特别是法国人，会否也沾上这昏昏欲睡的热带习惯，午后睡到自然醒，一不小心已经是晚饭时间。一道有法国风的越南味道香草青口椰汁汤，该是餐桌上第一时间就吃光喝光的好滋味。

鱼我所露

喜爱喝葡萄酒的朋友在参观酒庄喝个痛快之余，也许会趁还有气有力的时候，找对日子留下来三五七天采摘葡萄脚踩葡萄榨汁，算是一种动手动脚的难忘经历。

但喜爱东南亚美味的朋友，尽管在厨中早已熟悉这种那种香草的用法，也懂得下一匙半匙鱼露（nuoc mam）调味，但看来都不会有兴趣亲手参与鱼露的制作了。

虽说越南鱼露也都源于中国，但其制作酿造方法多少有差异。越南人习惯把大量去鳞和清除内脏后的鲜鱼放进瓦缸内，加入盐、醋、糖和酱油后密封，把整个缸埋在盐堆中于太阳下暴晒，大概一个月后鱼肉完全发酵溶解，瓦缸里的液体过滤后就是鱼露。

可想而知这个制作过程又腥又热，精华与汗水同在，不是一般人可以过过 DIY 的瘾的。面前这支包装俗艳，瓶中却呈半透明漂亮琥珀色的鱼露，叫一切越南美食有了它独特的家乡滋味。

材料（两人份）

·澳洲新鲜青口	十二只
·香茅	两支
·柠檬叶	两片
·薄荷叶	一束
·金不换叶	一束
·青柠	一个
·朝天椒	一个
·椰浆	一罐
·鸡汤	一盒
·鱼露	半汤匙

1	2	3	4
5	6	7	8
9	10	11	

按部就班

1. 先将香茅根部切片（一分钟）
2. 青柠切半备用（半分钟）
3. 分别将金不换和薄荷洗净，撕下叶片备用（三分钟）
4. 同时将鸡汤烧开（一分钟）
5. 先后放进香茅片、柠檬叶（半分钟）
6. 将洗净的金不换和薄荷叶放进（半分钟）
7. 将青口冲水洗净（两分钟）
8. 把椰浆放进汤中烧开（两分钟）
9. 青口放进锅内煮至壳张开（两分半钟）
10. 转小火挤进青柠汁（半分钟）
11. 并将半匙鱼露放进调味，盛碗中放进去籽后切细的朝天椒，滋味登场（半分钟）

冷热小知识

冲洗青口时会发现有一丛“胡子”从壳缝中伸出，这一丛强韧的蛋白质纤维能让青口于水里可固定在岩石上。而青口在锅中易熟，最好用宽平的锅子排成单层，方便厨师取出早开壳的青口。

如何是好？

以下的逻辑有点怪异：

都说读万卷书不如行万里路，但真的读了万卷书的话，可能已经没有什么力气和胆量到处行走，因为这里那里真正值得去的地方都充满未知和危险，同样的情况，读多了关于健康饮食、排毒和食品真相的书，你简直不能吃不能喝。

因为你会发觉平日吃的大部分东西，都是零营养和高危的，这包括一切加工精制的糖果、蛋糕、饼干、薯片、巧克力、汽水、咖啡、含糖饮料，这些垃圾食品含大量的精制糖，使用大量的精制淀粉，更含大量的人工色素、人工防腐剂、人工抗氧化剂、人工香料、人工膨松剂，而且通常都用高温油炸过，含反式脂肪……精糖吃了会上瘾，精制淀粉吃了血糖会立刻飙高又再急速下降有损胰脏和肾上腺，人工添加剂会降低免疫力、损坏肝脏、造成过敏，劣质油更会破坏细胞膜、加速老化、堵塞血管、致癌。

如此这般不是危言耸听却是有真确实例，一向嘴馋为食的你我听来肯定十分沮丧。你可能会下定决心避开劣质零食，做个健康宝宝多喝牛奶吧，怎知医生也会告诉你牛奶是引起慢性食物过敏的排行榜首元凶，人体三岁后就再没有能够分解牛奶中的乳糖和酪蛋白的酵素，也就是说会引起消化不良。而现代养殖牛生产牛奶的过程中加入人工雌激素以刺激母牛产乳，还有生长激素、抗生素以使牛长得肥壮无病，饲料中也有大量杀虫剂和农药，这种种人工添加的毒素都累积在牛奶当中，加上牛奶一经高温杀菌，原有的酵素、乳酸菌和维生素都会被彻底破坏，也就是说，喝牛奶不仅无益，而且有害。

在这动弹不得的情况下，其实还是得再多读点书，多参考对比各家各派对食物真相的不同说法，与此同时检点一下，实在嘴馋的话就 DIY 自制零食：用初榨橄榄油以中火炒的腰果，加上蜜糖，还有烘过的椰蓉、辣椒、黑胡椒和柠檬叶，至少知道自己吃的是什么。

腰果花

那年我们到印度西岸果阿（Goa）嗅嗅后嬉皮的气息，大约是二月份，腰果树的红黄小花早已开过也谢了，腰果树上已经果实累累。

原来平日吃不停口的腰果在树上长成这个样子：一个又像苹果又像梨的果实，熟了可以生吃或者糖渍或者晒干，而作为子仁的两颗腰果就生长在果实末端，突出有如小尾巴，且有硬壳包住。腰果连壳烘干以后才小心压碎硬壳完整取出果肉，我们在 Goa 市内的腰果批发零售专卖店，就买得大包小包饱满肥壮又便宜又好的未经加工调味的腰果，嘴馋起来也买了一堆独立小包装的各式调味的烘制或者炒炸过的先吃为快——牛油味、柠檬味、黑椒味、ABCD 各式香草香料味、混合马沙拉（Masala）味，都得一一试过，一边吃腰果一边喝着在街边茶摊买的香料奶茶。看着摊贩现制的还有那些十分吸引人的疑似咖喱角的油炸物，没有吃，但闻闻香也够满足。

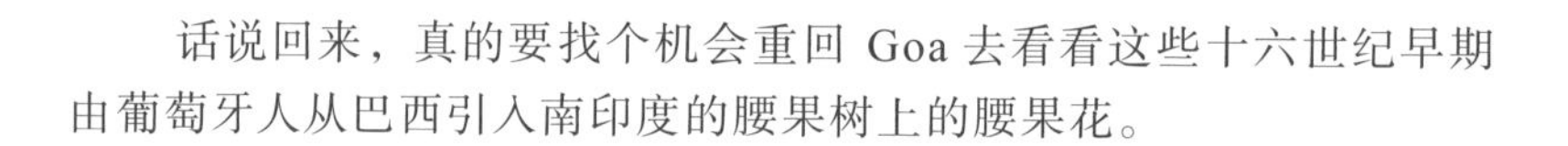

话说回来，真的要找个机会重回 Goa 去看看这些十六世纪早期由葡萄牙人从巴西引入南印度的腰果树上的腰果花。

材料（两人份）

·腰果	约百粒
·蜂蜜	八大匙
·烘干椰蓉	十大匙
·朝天椒	两个
·柠檬叶	一片
·黑胡椒	适量
·橄榄油	适量

1	2	3	4
5	6	7	8
9	10		

按部就班

1. 将朝天椒洗净切极细备用（一分钟）
2. 将柠檬叶洗净切丝备用（一分钟）
3. 将锅以中火烧热下橄榄油（半分钟）
4. 将腰果下锅，不断翻动以中火炒至金黄（六分钟）
5. 将蜂蜜浇进（半分钟）
6. 然后放进椰蓉（半分钟）
7. 继续炒拌至椰蓉转金黄（三分钟）
8. 将柠檬叶和辣椒放进（半分钟）
9. 继续炒拌（两分钟）
10. 上碟前撒进现磨黑胡椒，香辣酥脆同时安心食用（半分钟）

冷热小知识

腰果英文是 cashew，其实是原产地南美亚马逊地区的当地土语。腰果经葡萄牙人移植到印度和东非，这些地方成为当今世界最大产地。腰果壳有毒性，所以市面一直卖的都是去壳后的产品。

后记

味觉小宇宙

眨一眨眼，替年轻人杂志 *Milk* 落手落脚买菜入厨执笔写这个“18 mins +”专栏已经有一年，面前已经堆叠有四五十道“快餐”。

犹记得当日和编辑 G 提出这个专栏计划，目的简单明确，就是连我这个笨手笨脚的也可以在十八分钟在厨房里面做好的东西，所以一定难不倒你。

当你在十八分钟里得到了相应的满足甚至成就，过了自己这关也得到身边男女老幼的掌声，你应该第一次 / 再一次 / 永远永远地爱上厨房这个味觉实践的小宇宙。

在这里感谢编辑 G 催生了这个快煮系列，身边的好助手 D 首挑大旗负责所有的拍摄，而且乖乖地回家入厨实习成功讨好另一半。助手 S 既帮忙版面设计也负责在旁一边说好吃好吃好吃一边一扫精光；总舵主 M 其实是前期买菜和后期洗碗的小工，在此无言只能心照。

说到底十八分钟加加减减多少也只是一个启动的借口，在这个快与慢的既矛盾冲击又有趣互补的生活现实当中，旁观太被动，参与才过瘾，看到的还不算数，吃到而且能消化能吸收的才最真实。

应霁

二〇〇八年十二月

Home is where the heart is.

01　设计私生活

定价：49.00 元

上天下地万国博览，人时地物花花世界，
书写与设计师及其设计的惊喜邂逅和轰烈爱恨。

02　回家真好

定价：49.00 元

登堂入室走访海峡两岸暨香港的一流创作人，
披露家居旖旎风光，畅谈各自心路历程。

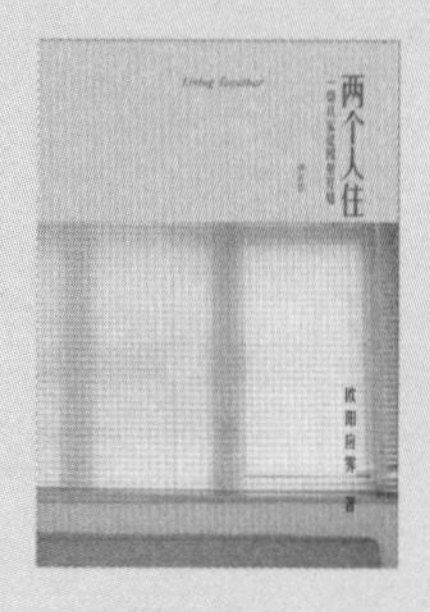

03　两个人住
　　一切从家徒四壁开始

定价：64.00 元

解读家居物质元素的精神内涵，
崇尚杰出设计大师的简约风格。

04　半饱
　　生活高潮之所在

定价：59.00 元

四海浪游回归厨房，色相诱人美味 DIY，
节欲因为贪心，半饱又何尝不是一种人生态度？

05　放大意大利
　　设计私生活之二

定价：59.00 元

意大利的声色光影与形体味道，
一切从意大利开始，一切到意大利结束。

06　寻常放荡
　　我的回忆在旅行

定价：49.00 元

独特的旅行发现与另类的影像记忆，
旅行原是一种回忆，或者回忆正在旅行。

Home 系列（修订版）1-12 ◉ 欧阳应霁　著

生活·讀書·新知 三联书店刊行

07　梦·想家
　　回家真好之二

定价：49.00 元

采录海峡两岸暨香港十八位创作人的家居风景，
展示华人的精彩生活与艺术世界。

08　天生是饭人

定价：64.00 元

在自己家里烧菜，到或远或近不同朋友家做饭，
甚至找片郊野找个公园席地野餐，
都是自然不过的乐事。

09　香港味道 1
　　酒楼茶室精华极品

定价：64.00 元

饮食人生的声色繁华与文化记忆，
香港美食攻略地图。

10　香港味道 2
　　街头巷尾民间滋味

定价：64.00 元

升斗小民的日常滋味与历史积淀，
香港美食攻略地图。

11　快煮慢食
　　十八分钟味觉小宇宙

定价：49.00 元

开心入厨攻略，七色八彩无国界放肆料理，
十八分钟味觉通识小宇宙，好滋味说明一切。

12　天真本色
　　十八分钟入厨通识实践

定价：49.00 元

十八分钟就搞定的菜，以色以香以味诱人，
吸引大家走进厨房，发挥你我本就潜在的天真本色。